"十四五"高等学校新工科计算机类专业系列教材

编译原理实践教程

张敬敏　李　霞　齐净垒◎主编

中国铁道出版社有限公司
CHINA RAILWAY PUBLISHING HOUSE CO., LTD.

内 容 简 介

本书按照编译原理的核心理论和编译器的开发实际而编写，主要介绍 TPL 语言、编译器设计与实现过程，通过实验步骤和指导过程引导读者完成一个实际可用的编译器，从而了解编译程序构造的一般原理和基本方法。为便于理解，还提供了不同类型的测试样例来验证编译器实现的正确性，包括词法分析、语法分析、语义分析和代码优化等实验内容，具有系统完整、测试指导明确、帮助验证和难度可调等特点。

本书适合作为普通高等学校计算机科学与技术、软件工程、数据科学与大数据技术、信息安全等相关专业的教材，也可供科技工作者及软件研发人员学习和参考。

图书在版编目（CIP）数据

编译原理实践教程 / 张敬敏, 李霞, 齐净垒主编. 北京：中国铁道出版社有限公司, 2025. 7. -- (“十四五”高等学校新工科计算机类专业系列教材). -- ISBN 978-7-113-31834-5

Ⅰ. TP314

中国国家版本馆CIP数据核字第2025WG6692号

书　　名：编译原理实践教程
作　　者：张敬敏　李　霞　齐净垒

策　　划：魏　娜　　　编辑部电话：（010）63549508
责任编辑：陆慧萍　贾淑媛
封面设计：崔丽芳
责任校对：苗　丹
责任印制：赵星辰

出版发行：中国铁道出版社有限公司（100054，北京市西城区右安门西街 8 号）
网　　址：https://www.tdpress.com/51eds
印　　刷：河北燕山印务有限公司
版　　次：2025 年 7 月第 1 版　2025 年 7 月第 1 次印刷
开　　本：787 mm×1 092 mm 1/16　印张：7　字数：187 千
书　　号：ISBN 978-7-113-31834-5
定　　价：26.00 元

前　言

“编译原理”是计算机类专业的必修课，属于专业核心课，在课程体系中处于十分重要的地位。课程主要介绍运用程序设计语言编译程序的基本原理、设计方法、主要实现技术和一些自动构造工具，通常包含语言基础知识、词法分析、语法分析、语义分析及中间代码生成、中间代码优化、目标代码生成等内容。

“编译原理”是理论和实践并重的课程，由于这门课程相对抽象且内容复杂，一直是最难学的课程之一。目前，市面上大部分的编译原理实践类教材适用对象过广、内容偏多，有的教材偏难，不适合应用型院校学生；有的教材实验内容是独立的多个实验，缺少系统性，与现阶段人才培养不接轨。因此本书尝试以通俗、简明的语言编写，契合应用型院校学生的特点，并且紧跟专业学科发展的热点和工程认证理念，培养系统分析能力。

本书设计了一种以C语言为基础的面向教学的简单高级程序设计语言TPL，主要介绍了编译器的设计与实现的过程，强调编译的总体设计、各个阶段的接口安排，但不涉及目标代码生成阶段，也不涉及具体的目标机，因此，编译器设计难度适中，适合应用型院校学生。

TPL具有概念简明、结构易理解、教学友好等特点。通过上机实践，设计一个相对完整的编译器，一方面可以使学生增加对编译程序的整体认识和了解，快速掌握编译器的核心原理和技术，巩固“编译原理”课程所学知识；另一方面，在上机练习过程中，学生也可以进一步理解程序调试技巧和设计大型程序的一般原则，如模块接口协调、数据结构合理选择等，为后续学习更复杂的语言和编译器打下坚实的基础。

总的来说，本书具有以下特色：

（1）**系统性**：书中的实验内容不是支离的，而是构成一个完整的编译器，让学生对编译器有整体认识，培养其系统思维与能力。

（2）**通俗易懂**：本书采用深入浅出、通俗易懂的语言编写，并结合案例说明，帮助学生更直观地了解编译器的工作机制。

（3）**案例有设计、代码**：既给出编译器的设计原理，也给出对应的参考代码，提升教材实用性，有利于学生更深入地理解编译器的工作原理。

（4）**融入 OBE 理念**：教材内容与国际工程教育认证接轨，知识点与实践内容讲解均围绕预期学习成果展开，编译程序按照 OBE 理念进行设计，以设计思路 - 设计原理 - 存储结构 - 函数说明 - 主要算法 - 测试用例的思路，明确学习目标与方法，便于学生核查知识与方法的掌握情况，进而提升解决实际问题的能力。

为了使学生能尽早动手实践，建议将实践分成两部分学习。首先学习本书第 1 章和第 2 章，这两章就 TPL 语言的文本及其编译程序的各个阶段作了简单介绍，以便对 TPL 语言编译程序有个初步的印象。然后按照第 2 章的实验要求设计实现 TPL 语言编译器。同时也鼓励使用编译开源工具，推荐词法分析器 Lex 和 Flex，语法分析器 Yacc、Bison 和 JavaCC 等，它们应用广泛，且有多个不同语言的实现版本（如 C、Python 等），支持跨平台（包括 Windows、Linux、Mac 等），学生可以选择熟悉的平台和语言进行尝试。

由于这门课实验难度较大，所以希望教师在实验前安排好学生的预习工作，在上机前要求学生进行实验预习。

本书参考和引用了国内外大量优秀的编译原理教材和著作中的相关内容，也参考了网络上的相关内容，在此谨向原书作（译）者深表敬意和感谢；河北地质大学信息工程学院的杨钊宁同学和杨帅同学分别参与了本书第 3 章代码和第 5 章代码的编写工作，对两位同学表示感谢。与本书配套的源代码可从中国铁道出版社教育资源数字化平台 https://www.tdpress.com/51eds 下载，也可与作者联系获取。邮箱：290162056@qq.com；微信号：bxxwyh89、Matrix_ys。

本书获得了河北地质大学教材出版基金的资助。

由于编者水平有限，书中难免存在疏漏之处，恳请广大读者批评和指正。

编　者

2024 年 12 月

目录

第 1 章 TPL 语言

“工欲善其事，必先利其器”。编译过程融合了算法设计、语言理论、系统架构和软件工程的精髓，是计算机科学中一项复杂而精妙的工程。为了高效地实现这一过程，选择合适的工具和语言至关重要。TPL（tiny programming language）作为一种现代化的编程工具，凭借其出色的并行计算能力和简洁的语法特性，成为了编译器开发的理想选择。

1.1　TPL 语言设计原则

程序设计语言 TPL 是以 C 语言为基础的小型高级程序设计语言，常被用来作为“编译原理”实验课的被测试语言。

1. 设计原则

TPL 语言设计基于下面几点原则：

① 概念简明：TPL 语言作为小型高级程序设计语言，不强调其编译器的实现效率。

② 结构易理解：由于 TPL 语言是 C 语言的一个子集，C 语言是计算机类专业都会开设的课程，因此 TPL 语言作为被测试语言是很容易理解的。

③ 语言规模较小：TPL 数据类型数量少，语法也简单，且是高级程序设计语言，其实现与具体机器没有关系，所以，适合初学者构造小型编译器使用。

2. TPL 语言文法的 EBNF 描述的形式体系

在 TPL 中，采用扩展的巴克斯 - 诺尔形式体系（EBNF）描述其语法形式体系，引入了以下的一些符号：

- →：表示该符号的左部由右部定义，可读作“定义为”。
- <>：用左右尖括号 <> 括起来的语法成分为非终结符。
- |：表示“或”。
- {}：表示花括号内的语法成分可重复任意次。
- [ ]：表示方括号内的语法成分为任选项。
- ( )：表示圆括号内的成分优先。

1.2 字符集合

基本字符是实现 TPL 的必备字符集。

TPL 语言的字符集由字母、数字和其他字符构成，具体如下：

1. 字母

TPL 语言中共包括 52 个英文字母，即 26 个小写英文字母和 26 个大写英文字母，并区分字母大小写。

2. 数字

数字共 10 个，即 0、1、2、3、4、5、6、7、8、9。

3. 其他字符

其他字符包括 +、-、*、/、=、<、>、.、,、;、(、)、{、}、空格、!、&、|。

以上字符集的 EBNF 描述如下：

①< 字符集 >→< 字母 >|< 数字 >|< 其他 >。

②< 字母 >→ a|b|···|z|A|B|···|Z。

③< 数字 >→ 0|1|2|···|8|9。

④< 其他 >→ + | - | * | / | = |< |> | .|,|;|(|)|{ | } | 空格 |!| &||。

1.3 数据类型

TPL 语言只包括两种数据类型——整数类型和浮点类型。

1. 整数类型

整数类型简称整型，在 TPL 语言中用类型标识符 int 表示整数类型。

整型的数据可以是正整数、负整数和零，其中，正整数和零可以省略“+”。

整型数据最大长度限制为 8 位，且该长度包含数字序列及可能存在的正负号（正号可省略时不计入总长度）。这里的“位”指字符位数，即整个整数在字符串形式下（包含数字及正负号）的总字符数不超过 8。

整型数据允许进行的运算包括算术运算和关系运算。

算术运算：+（加）、-（减）、*（乘）、/（除）。

关系运算：>（大于）、>=（大于等于）、<（小于）、<=（小于等于）、==（等于）、!=(不等于)。

2. 浮点类型

在 TPL 语言中用类型标识符 float 表示浮点类型。

浮点类型的数据可以是正、负实数和实数零，其中，正实数和零可以省略“+”号。

浮点类型数据总长度（含整数部分、小数部分及小数点）最大限制为 8 位。这里的“位”指的是字符位数，即整个浮点数在字符串形式下（包括数字和小数点）的总字符数不超过 8。

浮点类型数据允许进行的运算包括算术运算和关系运算，运算符种类与整数类型运算符种类相同。

两个浮点类型数据，或者一个为整型数据而另一个是浮点类型数据，均可进行算术运算和关系运算。

1.4　TPL 语言的符号

字符集合中的若干字符可以构成符号（symbol），又称为单词（word）。

TPL 语言的单词分为五类。

1. 保留字

保留字，又称为标准标识符，是已经定义过的常量，使用者不能再将这些标准标识符作为变量名使用。

9 个保留字分别是 if、else、while、do、for、int、float、void、main。

2. 运算符

14 个运算符包括 +、-、*、/、=、>、>=、<、<=、==、!=、&&、！、||。

3. 整数和浮点数

整数和浮点数如 10、25、100、12.34、0.34、-1.5、-20 等。

4. 其他界符

其他界符有 7 个，包括 .、,、;、(、)、{、}。

5. 变量（自定义标识符）

TPL 语言中用户自定义标识符，即用户自己定义的变量名。变量以字母 a,b,…,z, A,B,…,C 开头，包括字母和数字。如 sum、x1、y 都是合法的变量名。

以上单词的 EBNF 描述如下：

① < 保留字 >→ if | else| while| do| for | int |float| void| main。

② < 运算符 >→ < 算术运算符 >|< 赋值运算符 >|< 关系运算符 >|< 逻辑运算符 >。

③ < 算术运算符 >→ + |-| * | /。

④ < 赋值运算符 >→ =。

⑤ < 关系运算符 >→ > | >= | < | <= | == | !=。

⑥ < 逻辑运算符 >→ && | ！ | ||。

⑦ < 整数 >→ [-]< 数字 >{< 数字 >}。

⑧ < 浮点数 >→ [-]< 整数 >.< 数字 >{< 数字 >}。

⑨ < 其他界符 >→ . | , | ; | (|) | { | }。

⑩ < 变量 >→ < 字母 >{< 字母 >|< 数字 >}。

1.5　表达式

表达式包括算术表达式、关系表达式以及布尔表达式。

表达式的 EBNF 描述如下：

```
< 表达式 >→< 算术表达式 >|< 关系表达式 >|< 布尔表达式 >
```

1. 算术表达式

算术表达式是指用算术运算符及括号将运算对象（包括常量、变量）连接成的有一定意义的式子。一个变量，一个整数，也称为算术表达式。

比如：-10，10，x1，x1+y，x1*10+y，(x1*10-y)/10 都是合法的算术表达式。

算术表达式的 EBNF 描述如下：

① < 算术表达式 >→< 项 >{< 算术运算符 >< 项 >}。

② < 项 >→< 因子 >{< 算术运算符 >< 因子 >}。

③ < 因子 >→< 变量 >|< 整数 >|'('< 算术表达式 >')'。

2. 关系表达式

TPL 语言中的关系表达式是指用关系运算符将两个算术表达式连接成的有一定意义的式子。

比如：a<b，x>=10，x/5==0，y!=100 都是合法的关系表达式。

关系表达式的 EBNF 描述如下：

```
< 关系表达式 >→< 算术表达式 >{< 关系运算符 >< 算术表达式 >}
```

3. 布尔表达式

布尔表达式又称为逻辑表达式。TPL 语言中的布尔表达式是指用布尔运算符将布尔型运算对象连接成的有一定意义的式子。

比如：(a<b)||(a>10),(a>=10)||(b>=10)&&(c>=10)，!(a>10)，!((a<b)||(a>10)) 都是合法的布尔表达式。

布尔表达式的 EBNF 描述如下：

① < 布尔表达式 >→< 布尔项 >{< 布尔运算符 >< 布尔项 >}。

② < 布尔项 >→< 关系表达式 >{[&& | ||] < 关系表达式 >}。

③ < 布尔项 >→ !< 关系表达式 >{[&& | ||] < 关系表达式 >}。

1.6 语　　句

TPL 语言的语句包含赋值语句、控制语句和复合语句三大种类语句。其中，控制语句分为 if 条件语句、while 循环语句和 for 循环语句。其语法如下：

```
< 语句 >→< 赋值语句 >|<if 条件语句 >|<while 循环语句 >|<for 循环语句 >|< 复合语句 >|< 空 >
```

1.6.1 赋值语句

赋值语句就是将一个表达式的值赋值给一个标识符。

比如：x1=10，x1=x1*10+y 都是合法的赋值语句。

赋值语句的 EBNF 描述如下：

```
< 赋值语句 >→< 变量名 >=< 表达式 >
```

1.6.2 if 条件语句

1. 语法

```
<if 条件语句 >→ if < 条件 > < 语句 > [else < 语句 > ]

< 条件 >→< 关系表达式 >| ! < 条件 >|< 条件 > && < 条件 >|< 条件 > ||< 条件 >| (< 条件 >)
```

2. 语义

当 if 后面的条件为真时，执行后面的语句，否则不执行；如果有 else 语句，则执行 else 后面的语句。条件的形式有很多种，包括 < 表达式 > < 关系运算符 > < 表达式 >、!< 条件 >、< 条件 > && < 条件 >、< 条件 > || < 条件 >、(< 条件 >)。

3. 实例

例 1.1 if 条件语句实例 1。

```
if (x>y)
       s=a+x;
```

例 1.2 if 条件语句实例 2。

```
if((x>y) and (x<100))
       x=a+x;
else
       y=b+y;
```

例 1.3 if 条件语句实例 3。

```
if ! (x>y)
       if y<=5
            y=y+1;
```

以上例子都是合法的 if 语句。

1.6.3 while 循环语句

1. 语法

```
<while 循环语句 >→ while < 条件 >< 语句 >
```

2. 语义

循环语句中条件的语法与 1.6.2 节中条件的语法相同。

while 循环语句的语义是：计算条件的值，当值为 true 时，则执行后面的语句。其执行过程如图 1-1 所示。

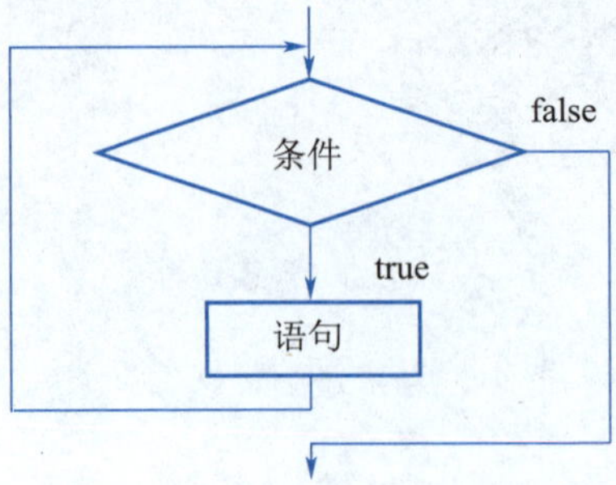

图 1-1 while 循环语句的语义

3. 实例

例 1.4 while 循环语句实例。

```
while(a<=b)
      a=a+1;
```

当 a<=b 时，执行语句 a=a+1，重复这样的执行，直到 a>b 为止。

1.6.4 for 循环语句

1. 语法

```
<for 循环语句 >→ for(< 变量 >=< 表达式 1>; < 表达式 2> ;< 表达式 3>)  < 语句 >
```

说明：表达式 1、表达式 2 和表达式 3 的运算结果均为整数，而且，为了简单起见，假定表达式 2 总是正的。

2. 语义

for 循环语句的执行过程如图 1-2 所示，说明如下：

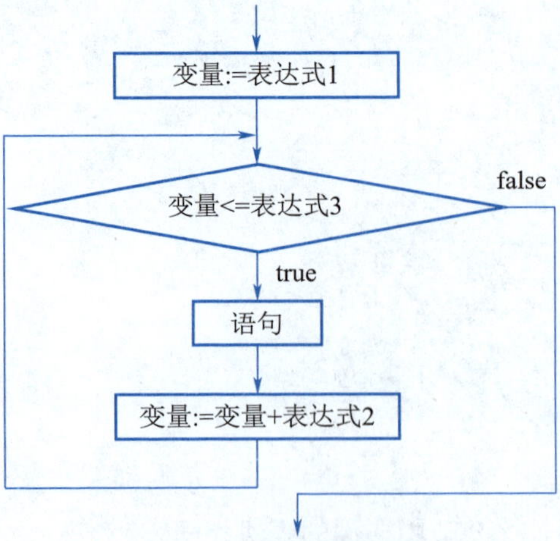

图 1-2 for 循环语句的语义

① 先计算表达式 1 的值，赋值给变量。

② 判断变量是否 <= 表达式 3，如果是，则执行循环体语句，否则转到④。

③ 变量 := 变量 + 表达式 2，转②。

④ 循环结束。

3. 实例

例 1.5 循环语句实例。

```
for (i=1;i<=N;i++)  M=M+i;
```

执行过程如下：

① i:=1。

② 判断是否 i<=N，如果是，则执行 M:=M+i，否则转到④。

③ i:=i+1，转②。

④ 循环结束。

1.6.5 复合语句

1. 语法

```
<复合语句>→{ <语句> }
```

2. 语义

“{”和“}”之间的语句可以是赋值语句、控制语句和复合语句。复合语句的语义是：“{”和“}”之间的语句，被逐条依次执行，直到遇到“}”为止。

3. 实例

例 1.6 复合语句实例。

```
{   x=a;
    y=b;
    if(x>y)
        s=x+1;
    else
        s=y-1;
 }
```

以上例子是合法的复合语句。

1.7 程序结构

1. 语法

```
< 程序 >→ void main{< 语句 >}
```

2. 语义

程序中的语句可以是赋值语句、控制语句和复合语句。其语句被逐条依次执行。

3. 实例

例 1.7 TPL 语言程序实例。

```
void main()
{
  int x,y,a,b,s,m;
  while (a>b)
 {   if (x>y)
         s=a+x;
     else
         m=b+y;
   }
}
```

第 2 章 TPL 语言编译器设计

本章要对 TPL 语言设计一个简单编译器。完成后，须提交编译器源程序和实验报告。以下介绍 TPL 语言编译器设计的工作流程、任务、要求等内容。

2.1 基本工作流程

TPL 语言编译器的基本工作流程如图 2-1 所示。

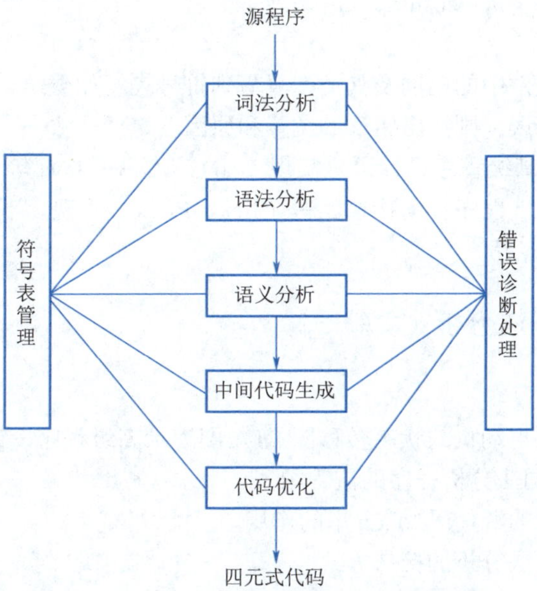

图 2-1 TPL 语言编译器基本工作流程

编译过程采用三趟扫描方式。第一趟扫描完成词法分析，若词法分析有错误，则给出错误提示，编译结束；若词法分析正确，则进行第二趟扫描，进行语法和语义分析，若语法、语义分析正确，则给出四元式形式的编译结果，如错误，则给出错误提示；若语义没有错误，生成四元式后，进行第三趟扫描，进行代码优化，采用 DAG 图进行局部优化，给出优化后的中间代码并找出程序循环。

表格管理程序实现对所有单词的管理功能，包括单词存储管理、增删改查功能。

出错处理程序，对词法分析、语法分析和语义分析遇到的错误给出在源程序中出错的位置与错误原因。

2.2　词法分析程序设计

2.2.1　词法分析任务

TPL 语言的词法分析器是一个独立的过程，其功能是为语法语义分析提供单词，把输入的字符串形式的源程序分割成一个个单词符号，传递给语法语义程序。

词法分析将要完成以下工作：

1. 跳过分隔符

跳过分隔符，如空格、回车、制表符。

2. 识别五类单词

① 保留字，包括 if、else、while、do、for、int、float、void、main。

② 运算符，包括 +、-、*、/、=、>、>=、<、<=、==、!=、&&、！ 、||。

③ 数字序列，包括整数和浮点数。

④ 其他界符，包括 .、,、;、(、)、{、}、。

⑤ 变量（自定义标识符），如 sum、x1、y 等。

除此之外，它还完成：

① 将词法正确的源文件中的单词及其类型复写到符号表（如数组、单链表等）中。

② 若源文件有词法错误，则指出错误的位置和原因。

词法分析程序可以用高级程序设计语言实现（如 C、C++、Java 等），自己动手编写；词法分析程序也可以使用词法分析程序自动构造工具（Lex、FLex）实现。下面分两小节介绍两种不同实现方式的实验要求、内容等。

2.2.2　高级语言实现词法分析（实验一）

1. 实验目的

① 学会使用确定有限自动机的状态转移图 DFA 图表示高级程序设计语言各类单词。

② 能将 DFA 转换为词法分析程序的流程图。

③ 理解符号表和简化的源代码 token 串的作用。

④ 理解词法分析和语法分析的接口方式。

⑤ 加深对词法分析原理的理解。

2. 实验要求

要求实现编译器的以下功能：

① 编码实现 TPL 语言的词法分析程序，能对 TPL 语言编写的源代码进行词法分析。

② 按规则拼单词，识别出各个具有独立意义的单词，即保留字、运算符、数字序列（整数和浮点数）、变量、其他界符，并将识别出的单词存放到符号表（如数组、单链表等）中。

③ 删除空白符（空格、回车符和制表符）。

④ 列表打印源程序，打印出每个单词及其类型。

⑤ 若源程序有错误，则定位错误，并指出错误原因。

⑥ 撰写实验报告。

3. 实验内容

① 编写 TPL 语言的词法分析程序，它从左到右逐个字符地对源程序进行扫描，跳过各种分界符（空白符），分离出有效单词，存放到符号表（如数组、单链表等）等存储结构中，作为语法分析的输入，如图 2-2 所示。

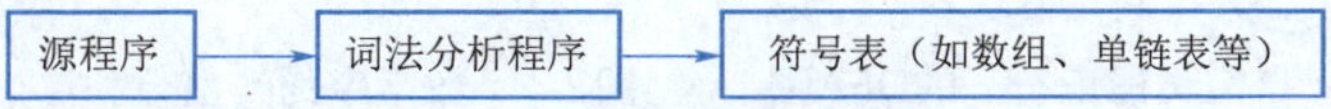

图 2-2　词法分析程序流程

② 给出测试用例进行测试，分析测试用例能否测试程序功能。

③ 完成实验报告。

4. 实验原理

首先分析出 TPL 语言的单词种类，共五类，见表 2-1，然后构造出每类单词的 DFA，如图 2-3 ～图 2-6 所示，然后将所有的 DFA 连接在一起，构成一个整体 DFA，如图 2-7 所示，根据这个整体 DFA 状态转换图，就可以用高级语言直接编写识别 TPL 语言所有单词的词法分析程序。在下面的图中，状态 0 为初态，凡带双圈者均为终态，表示已识别出一个单词。l 代表任一字母，d 代表任一数字。

表 2-1　单词分类

保留字	运算符	数字序列（整数和浮点数）	其他界符	变量（自定义标识符）
int	+	整型数据的最大长度限制为 8 位，（包含数字及正负号），浮点类型数据总长度最大限制为 8 位（含整数部分、小数部分及小数点）	.	以 a..z 或者 A..Z 开头的字母数字符号串
float	−		,	
void	*		;	
main	/		(	
if	=		)	
else	>		{	
do	>=		}	
while	<		—	
for	<=		—	
—	==		—	
—	!=		—	
—	&&		—	
—	!		—	
—	||		—	

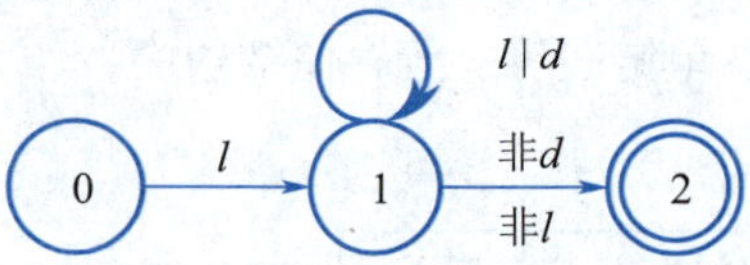

图2-3　保留字和变量（自定义标识符）的DFA图

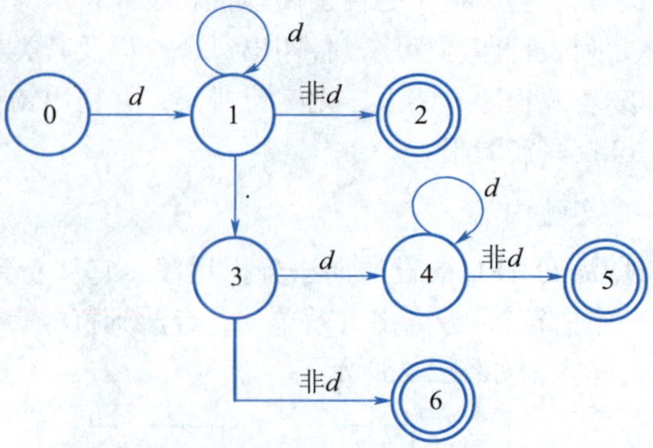

图2-4　数字序列（整数和浮点数）的DFA图

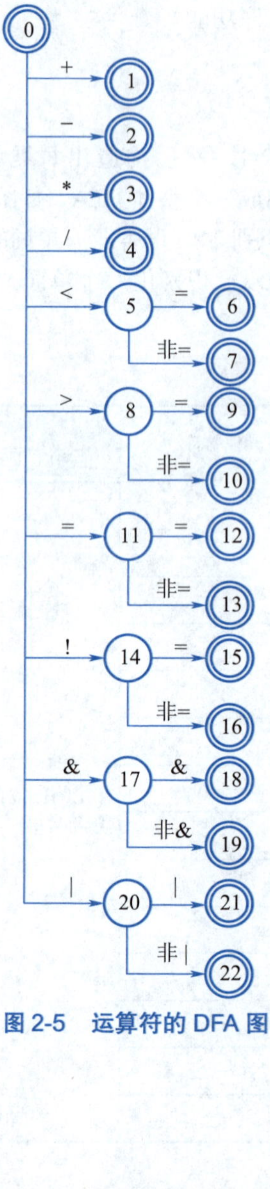

图 2-5　运算符的 DFA 图

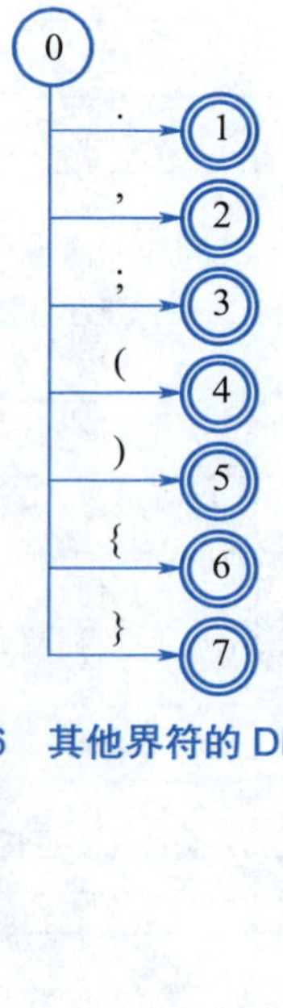

图 2-6　其他界符的 DFA 图

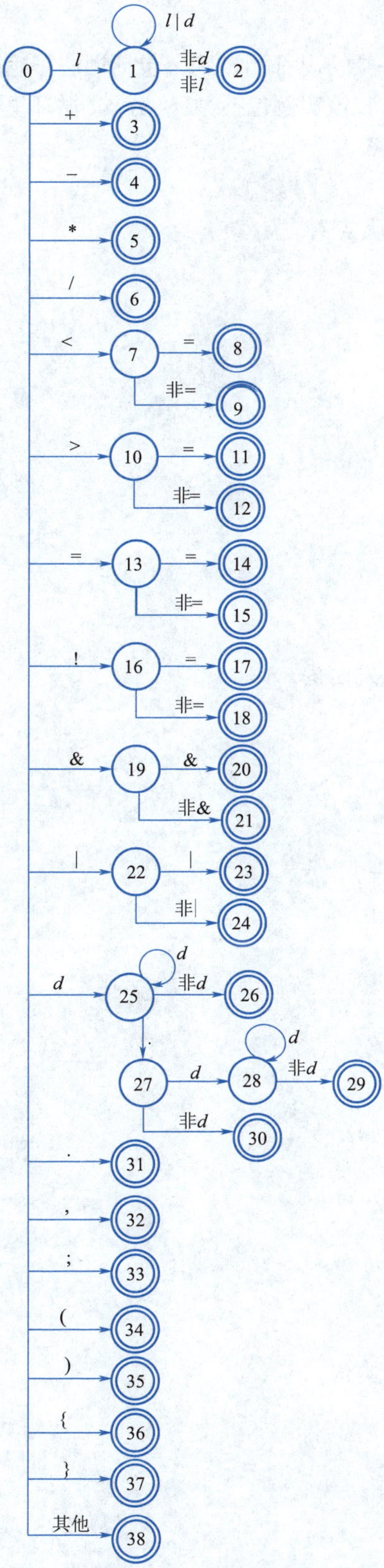

图 2-7　TPL 语言单词集的 DFA 图

5. 测试用例

测试用例要把各种单词和各类情况都测试到，包括词法正确的实例、词法错误的实例。实例不能太简单，至少有一个复杂实例，该实例包括循环、分支，循环里面包含分支，分支里面包括循环。以下给出一些测试实例，供大家参考。

（1）词法正确的简单测试

例 2.1 词法正确的简单测试实例。

输入源程序：

```
void main()
{
   int a;
   a=1;
   while(a<10){
     a=a+1;
   }
}
```

（2）词法复杂的正确测试

例 2.2 词法复杂的正确测试实例。

输入源程序：

```
void main()
{
    int a,b,c,i,x,y;
    a=1;b=1;c=1;x=1;y=1;
    for(i=1;i<a;i=i+1){
        while(x>=y){
             if(a>=b){
               while(c<1){
                  c=a*b; b=-1*c; }
                }
                else{
                  a=a+1;b=a*2;
                }
             }
        }
}
```

（3）词法有错误的测试

例 2.3 词法有错误的测试实例。

输入源程序：

```
void main()
{
    if (x!=y)
    ~&5.
```

```
    18446744073709551616
    18446744073709551616.2
}
```

2.2.3　自动生成工具实现词法分析（实验二）

1. 实验目的

① 加深对词法分析程序原理的理解，掌握单词正规式表示。

② 学会词法分析程序自动构造工具的使用，利用词法分析器生成工具 Lex/FLex 实现词法分析器的构造。

③ 理解词法分析程序和语法分析程序的接口方式。

2. 实验要求

要求实现编译器的以下功能：

① 能对任何 TPL 语言源程序进行分析。

② 按规则拼单词，识别出各个具有独立意义的单词，即保留字、运算符、数字序列（整数和浮点数）、变量（自定义标识符）、其他界符，并将识别出的单词存放到符号表中。

③ 删除空白符（空格、回车符和制表符）。

④ 列表打印源程序，打印出每个单词。

⑤ 若源程序有错误，则定位错误，并指出错误原因。

⑥ 完成实验报告。

3. 实验内容

① 利用词法分析器自动生成工具 Lex/FLex 编写一个词法分析程序，识别并分离源程序的单词。

② 源语言的词法定义见 2.2.1 节，要求实现完整的语言。

③ 撰写实验报告。

4. 测试用例

可延续 2.2.2 节的测试用例：例 2.1、例 2.2 和例 2.3。

5. 实验分组

因为自动构造工具（Lex、FLex）主要是学生自学，因此为了提升学生的学习兴趣以及学习效果，实验进行分组，每组 1~2 人。

2.3　语法分析程序设计

2.3.1　语法分析任务

采用 LR 分析方法进行语法分析。

根据程序设计语言的语法规则，描述包含赋值语句、控制语句的源程序的语法，TPL 语言对应的文法产生式有 39 条，其中赋值语句对应 7 条产生式，布尔表达式对应 13 条产生式，控制结构对应 14 条产生式，变量声明对应 5 条产生式。

1. 赋值语句产生式

① A → id=D;

② D → D+D

③ D → D*D

④ D → -D

⑤ D → (D)

⑥ D → id

⑦ D → d

2. 布尔表达式产生式

① E → E || E

② E → E && E

③ E → !E

④ E → (E)

⑤ E → id R id

⑥ E → dRd

⑦ E → idRd

⑧ R → <=

⑨ R → >=

⑩ R → ==

⑪ R → !=

⑫ R → <

⑬ R → >

3. 控制结构产生式

① S’ → int main( ) { S }

② S → SS

③ S → A

④ S → C{S}

⑤ S → T^P{ S}

⑥ T^P → C{S} else

⑦ C → if E

⑧ S → W^d {S}

⑨ W^d → W E

⑩ W → while

⑪ F_1 → for i=d;

⑫ F_2 → F_1 i<=d; i=i+1

⑬ S → F_2 { S }

⑭ S → B;

4. 变量声明产生式

① B → BL

② L → L,id

③ L → id

④ B → int

⑤ B → float

文法的开始符号是 S’。

语法分析程序可以用高级语言实现（如 C、C++、Java 语言等），自己动手编写；语法分析程序也可以使用语法分析程序自动构造工具（Yacc、Bison）实现。下面分两小节给出两种不同实现方式的实验内容、实验要求等。

2.3.2　高级语言实现语法分析（实验三）

1. 实验目的

① 理解并熟悉自底向上 LR 语法分析算法。

② 能根据给定的文法编写 LR 分析程序，利用它进行语法分析，判断给定的符号串是否为该文法识别的句子。

③ 能构造 LR 分析表，设计并实现 TPL 语言的 LR 语法分析程序。

④ 能判断 TPL 源代码是否存在语法错误，并对错误给出提示。

2. 实验要求

① 利用给定的分析表进行语法分析（编码实现 LR 分析表的自动构造为选做内容）。

② 能对 TPL 语言源代码进行语法分析，输出分析过程，并给出错误提示（语法分析容错为选做内容）。

③ 词法分析和语法分析一起实现。

④ 撰写实验报告。

3. 实验内容

① 利用自底向上的 LR 语法分析方法，设计实现 TPL 语言的语法分析程序，实现对源代码（实质：源代码词法识别出的单词）的语法分析，给出语法分析的过程，并能提示语法错误，如图 2-8 所示。

图 2-8　语法分析程序流程

② 完成实验报告。

③ 编码实现 LR 分析表的自动构造为选做内容。LR 分析表的自动构造程序输入是 2.3.1 节的文法，输出是对应的 LR 分析表。

④ 扩展功能：在给定的 TPL 语言语法规则基础上，扩展 TPL 语言语法规则（选做）。

4. 提示和建议

① 2.3.1 节文法简化存储。因为文法产生式需要存储，而有的产生式中的终结符或者非终结

符不止一个字符，因此建议将这样的符号简化为一个字符，方便存储和编写语法分析程序。例如，A → id:=E; 中的 id 简化为 i；再比如，C → if E 中的 if 简化为 p；再比如，S → W^d{S} 中的 W^d 简化为 K。

② 词法分析程序和语法分析程序接口。词法分析程序识别出的有效单词就是 2.3.1 节语法规则的文法产生式的终结符。

比如，词法分析程序识别的有效单词 if 是 2.3.1 节产生式 C → if E 的终结符 if；再比如，词法分析程序识别的有效单词 + 是产生式 E → E+E 的终结符 +；再比如，词法分析程序识别的有效的自定义标识符单词 sum 是产生式 S → id:=E 的终结符 id。

③ 词法分析识别出有效单词简化。因词法分析程序识别出的有效单词就是 2.3.1 节语法规则的文法产生式的终结符，因此在提示①中对终结符进行简化，那么词法分析识别出的有效单词也应简化。

比如，词法分析识别出的有效单词，if 简化为 p，自定义标识符单词 sum 简化为 i。

5. 实验原理

编写语法分析程序的流程如下：

① 简化 TPL 语言对应的 2.3.1 节的语法规则文法。

按照“4. 提示和建议”中的①和②改写和简化 TPL 语言对应的 2.3.1 节的语法规则文法。给出简化前后的符号对照表，以及简化前后的文法产生式。

② 构造 TPL 语言语法文法的 LR 分析表。

计算 TPL 语言的拓广文法的活前缀，构造 LR 项目集规范族，由项目集规范族生成 LR 分析表。

③ 编写 TPL 语言语法分析程序。

依 LR 分析表可以编写语法分析程序，按图 2-8 的流程编写。

6. 测试用例

① 语法正确的简单测试。延续词法分析程序的例 2.1。

② 语法复杂的正确测试。延续词法分析程序的例 2.2。

③ 语法错误的测试。

例 2.4 语法错误的测试用例。

输入源程序：

```
void main()
{
    int a,b,c,d,i;
    a=1;b=10;
    for(i=1;i<=8;i=i+){
        if(a!=b)
            { a=*ab }
    }
}
```

需给出语法正确的实例、语法错误的实例。可延续使用 2.2.2 节的测试用例，也可自己编写测试用例。实例不能太简单，至少有一个复杂实例，该实例包括循环、分支，循环里面包含分支，分支里面包括循环，既要有语法正确的测试用例，也要有语法错误的测试用例。

7. 实验分组

为了提升学生的学习兴趣以及学习效果，如果 LR 分析表是学生自己编写程序构造的，则实验进行分组。如果 LR 分析表是老师给定的，则不分组。分组说明如下：

① 每组人数 1~2 人，自由组合。

② 赋值语句产生式、布尔表达式产生式，控制结构中的①～⑦产生式是每组必选的。

③ 控制结构中的 while 循环语句产生式、for 循环语句产生式，每个小组至少选一种。

2.3.3　自动生成工具实现语法分析（实验四）

1. 实验目的

① 加深对语法分析程序原理的理解，掌握移进 - 归约技术。

② 学会语法分析程序自动构造工具的使用，利用语法分析器生成工具 Yacc/Bison 实现语法分析器的构造。

③ 理解词法分析程序和语法分析程序的接口方式。

2. 实验要求

要求实现编译器的以下功能：

① 使用自动构造工具（Yacc 或 Bison）编写 TPL 语言的语法分析程序。

② 能对 TPL 语言源代码进行语法分析，输出语法分析树，并给出错误提示。

③ 词法分析程序和语法分析程序一起实现。

④ 按附录要求撰写实验报告。

3. 实验内容

① 利用语法分析器生成工具 Yacc/Bison 编写一个语法分析程序，与词法分析器结合，能够根据语言的上下文无关文法，识别输入的单词序列是否文法的句子，给出语法分析树。

② 源语言的文法定义见 2.3.1 节，要求实现完整的语言。

③ 完成实验报告。

4. 测试用例

延续 2.3.2 节的测试用例。

5. 实验分组

自动生成工具（Yacc 或 Bison）以学生自学为主，为了提升学生的学习兴趣及学习效果，实验分组，每组 1~2 人。

2.4　语义分析和中间代码生成程序设计

2.4.1　语义分析和中间代码生成任务

TPL 语言的语义分析采用语法制导翻译的方法。若程序语义正确，则语义分析结果生成四元式，否则给出错误位置和原因。

第 2.3 节给出的 TPL 语言的语法文法产生式，语义翻译规则大部分可参考相关文献。第 3.3.2 节给出了每个产生式的语义规则，语义规则是不唯一的，同学们可以自己编写。

2.4.2 高级语言实现语义分析和中间代码生成（实验五）

1. 实验目的

① 理解并掌握语义分析过程，即语法制导翻译过程。

② 在语法分析的 LR 分析程序中添加代码，进行语义分析，生成源程序的四元式代码。

③ 理解语法分析和语义分析的接口方式。

2. 实验要求

采用自底向上的方法来设计 TPL 编译器语义分析功能，实现编译器的以下功能：

① 能对任何 TPL 语言源程序的语法分析结果进行语义分析。

② 输出语义分析过程。

③ 若程序语义正确，则语义分析结果生成四元式代码，否则给出错误位置和原因。

④ 撰写实验报告。

3. 实验内容

① 在语法分析程序中添加语义分析功能，审查 TPL 语言源程序是否有语义错误，若程序语义正确，则语义分析结果生成四元式代码，否则给出错误位置和原因。编写语义分析程序的流程如图 2-9 所示。

图 2-9　语义分析程序流程

② 完成实验报告。

4. 实验原理

语义分析是基于语法制导下的语义分析，对每个产生式编制一个语义规则，在进行语法分析的过程中，当使用一个产生式进行归约时，就调用该产生式相应的语义规则实现语义检查与翻译。语法制导定义的实现途径：首先将 LR 分析器能力扩大，增加在归约后调用语义规则的功能，再增加语义栈，语义值放到与符号栈同步操作的语义栈中，多项语义值可放在同一个语义栈。语义规则可参考文献，也可编者完成。完整的语义规则见 3.3.2 节。

5. 提示和建议

① 采用语法制导翻译方法编写程序。实质是在语法分析过程的程序中，添加对语义栈的操作程序以及每个产生式的语义分析子程序。语义子程序在语法归约时执行。

② 每个语义节点信息（语义栈元素）应包括真链 (true)、假链 (false)、codebegin、place、chain。

③ 语义规则中需设计如下子函数：

- Lookup(i.name)：审查 i.name 是否出现在符号表中，在则返回其位置，否则返回 NULL。
- backpatch(int p, int t)：将 p 所链结的每个四元式的第四区分量都回填 t。

- merge (p1, p2)：把以 p1, p2 为链首的两条链合并为一，返回合并后的链首 p2。
- emit()：输出，其功能相当于 C 语言中的 printf() 函数。
- Newtemp：功能是产生一个新的临时变量名字。

6. 测试用例

① 语义正确的简单测试。延续词法分析程序的例 2.1。

② 语义复杂的正确测试。延续词法分析程序的例 2.2。

③ 语义错误的测试。

例 2.5 语法错误的测试实例。

输入源程序：

```
void main()
{
    int a,b;
    float a;
    while(c<b){
        if(a==1) {a=b;}
    }
}
```

注：需给出语义正确的、语义错误的测试用例。测试用例不能太简单，至少有一个复杂用例，该用例包括循环、分支，循环里面包含分支，分支里面包括循环。其中一部分用例要延续使用语法分析的测试用例。

7. 实验分组

实验进行分组，每组 1~2 人。

2.5 中间代码优化程序设计

2.5.1 中间代码优化任务

对语义分析所得的结果四元式划分基本块，采用 DAG 图完成块内优化，给出优化后的四元式结果，然后找出基本块构成的循环。进一步的循环优化作为实验的选做内容。

考虑到本书主要面向对象为学生，因此代码优化主要实现如下两个方面：

① 基本块内的局部优化。

② 循环优化只要求找出 TPL 源程序的循环结构，循环优化部分不做进一步要求。

2.5.2 高级语言实现中间代码优化（实验六）

以下给出中间代码优化实验要求等内容。

1. 实验目的

① 掌握中间代码的局部优化的基本原理和方法。

② 对语义分析生成的四元式代码进行基本块的划分和局部优化，减少代码的存储空间，提高代码的运行效率。

③ 从程序的控制流图中找出程序的循环，掌握循环优化的基本原理和方法。

④ 理解全局优化的基本原理和方法。

2. 实验要求

① 采用基本块的划分方法对语义分析的结果四元式划分基本块。

② 使用 DAG 图完成基本块的优化，给出优化后的四元式结果。

③ 从程序控制流图中找出程序的循环结构。

④ 撰写实验报告。

3. 实验内容

① 对实验五语义分析的结果四元式划分基本块，采用 DAG 图完成块内优化，给出优化后的四元式结果。

② 程序的控制流图中找出程序的循环结构，将循环的入口语句、出口语句与循环输出。

③ 编写代码优化程序的流程如图 2-10 所示。

图 2-10 代码优化程序流程

④ 完成实验报告。

4. 实验原理

代码优化部分首先实现基本块内的局部优化，实验原理如下：

（1）找入口语句

入口语句包括以下三种情况：

① 程序的第一个语句。

② 条件转移语句或无条件转移语句的转移目标语句。

③ 紧跟在条件转移语句后面的语句。

（2）划分基本块

对每一入口语句，构造其所属的基本块。它是由该入口语句到下一入口语句（不包括下一入口语句）、或到一转移语句（包括该转移语句）、或到一停语句（包括该停语句）之间的语句序列组成的。

（3）删除不可达语句

未被纳入某一基本块的语句，是程序中控制流程无法到达的语句，可以删除。

（4）对每个块按照四元式类型构造 DAG 图

三类 TAC 语句对应的 DAG 子图如图 2-11 所示。其中，四元式（或三地址码）简称 TAC（three-address code）。

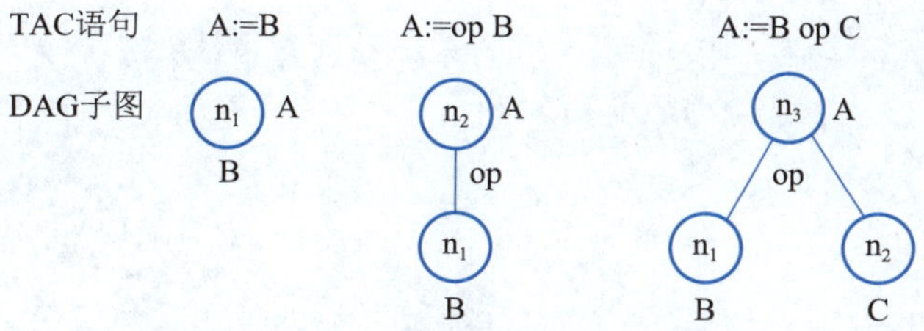

图 2-11 三类 TAC 语句对应的 DAG 子图

代码优化部分首先实现对基本块内的局部优化，局部优化得到的优化后四元式，再找出循环，为循环优化做准备，找循环的实验原理如下：

① 求必经结点集；

必经结点：在程序流图中，对任意两个结点 *m*、*n*，如果从流图的首结点出发，到达 *n* 的任一通路都要经过 *m*，则称 *m* 为 *n* 的必经（支配）结点。记为 *m* DOM *n*。

必经结点集：结点 *n* 的所有必经结点的集合，称为 *n* 的必经结点集，记为 $D(n)$。

② 求回边：

假设 $a \to b$ 是流图中的一条有向边，如果 *b* 是 *a* 的必经结点，则称 $a \to b$ 是流图中的一条回边。

③ 根据回边确定循环：

回边 $n \to d$，*d* 是唯一入口，*n* 是唯一出口。

若 *n*<>*d*，*n* 的所有前驱结点就是循环中的结点。

该循环是由结点 *d*、结点 *n* 以及有通路到达 *n* 而该通路不经过 *d* 的所有结点组成的，并且 *d* 是该循环的唯一入口结点。

5. 测试用例

① 代码优化的测试 1。延续词法分析程序的例 2.1。

② 代码优化的测试 2。延续词法分析程序的例 2.2。

③ 代码优化的测试 3。

例 2.6 代码优化的测试用例。

输入以下源程序：

```
void main()
{
    int a,b,c,d,i;
        for(i=1*(5+2);i<a;i=i+1){
          while(x>=y){
             if(a>=b){
                a=1;b=a*1;c=1*1;
             }else{
                    while(1<=2){
                        c=a*b;d=b*a;b=-1*-d;
                    }
                }
          }
        }
```

```
        int e,f;
        if(a<=b && e<=d || f<=b){a=1;}
    }
```

6. 实验分组

实验进行分组，每组 1~2 人。

第 3 章 C++ 语言实现 TPL 语言编译器示例

本章采用 C++ 语言设计实现了第 2 章 2.1 节 ~2.4 节的实验内容，即一个小型的 TPL 语言编译器，包括词法分析、语法分析、语义分析、中间代码生成、代码优化，其中代码优化只是做了块内局部优化，以及查找循环结构。整个编译器的项目文件结构设计如图 3-1 所示。

```
TPL-Compiler ─┬ functions.h         函数声明的头文件
              ├ macro.h             宏定义和存储结构的头文件
              ├ lexanalysis.cpp     词法分析程序
              ├ gmaanalysis.cpp     语法分析程序
              ├ geneintercode.cpp   语义分析程序
              ├ optimize.cpp        代码优化程序
              ├ main.cpp            主程序
              ├ input ─┬ code1.txt     简单的正确测试实例
              │        ├ code2.txt     复杂的正确测试实例
              │        ├ code3.txt     词法有错误的测试实例   code1.txt~code6.txt
              │        ├ code4.txt     语法有错误的测试实例   测试样例
              │        ├ code5.txt     语义有错误的测试实例
              │        ├ code6.txt     代码优化的测试实例
              │        ├ error.txt     报错类别集
              │        ├ grammar.txt   语法规则产生式集
              │        └ type.txt      词法规则和语法规则的符号集简化前后
              └ output ─┬ First.txt    语法规则每个非终结符的First集
                        ├ Goto.txt     语法规则的LR项目集及转换
                        ├ RuleSet.txt  语法规则产生式集合
                        └ result.txt   测试样例运行结果
```

图 3-1　TPL 编译器的项目文件结构

3.1 词法分析程序

3.1.1 设计思路

功能:在工程文件input目录下,读入input目录下type.txt,完成对每个单词的类型分析并,以“类型 - 简化 - 原单词”的方式存储,输出单词对应类型和简化了的token序列。

特殊功能:能够判断标识符正确性,对大字面量进行64位截取,多次报错。

会出现的报错:

①未知字符。

② '&&' 或 '||' 输入有误。

③小数位为空。

在编译原理中,词法分析作为语法分析的前端模块,其实现相对较为直接——通过构建确定有限自动机(DFA)的状态转移图,并采用switch-case结构实现状态机的跳转逻辑,即可完成基本的词法识别功能。这种实现方式具有直观性和可操作性强的特点。

3.1.2 设计原理

设计原理见本书“2.2.2节”的“4. 设计原理”。

3.1.3 存储结构

项目文件结构如图3-1所示。

词法分析主要存储结构(存储结构在文件lexanalysis.cpp)如下:

- vector<pis > words[N];:每行的单词(数组)。
- unordered_map<string,pic> typemap_pspic;:字符类别表(哈希表)。
- vector<string> errorarray;:错误表(数组)。
- priority_queue<pii, vector<pii>, greater<pii>> Errors;:已出现的错误(优先队列)。

其中pii和pis是使用了std::pair的类,其提供在一个单元存储两个相异类型对象的途径,可以换成结构体或std::tuple等。

3.1.4 函数说明

词法分析所有函数的定义都在文件lexanalysis.cpp中。函数说明如下:

1. bool lexAnalysis()

功能:词法分析整体流程。在文件main.cpp中被调用。

2. char getNextChar(bool blankflag)

功能:读取下一个字符。blankflag为0时不读空白符,为1时读空白符。

3. void initTypeMap()

功能:从文件中读取字符类别表,放入哈希表中。

4. void initErrorArray()

功能：从文件中读取错误表，放入数组中。

5. bool printErrors()

功能：打印错误。有错返回 1，无错返回 0。

6. void printWords()

功能：打印词法分析所得的序列。

3.1.5　主要算法

1. char getNextChar(bool blankflag,bool lineflag)

功能：读取下一个字符。blankflag 为 0 时不读空白符，为 1 时读空白符。

```
do{cur=cin.get();}
while((cur=='\t' || cur==' '||lineflag && (cur=='\n'&&line++))//是否行计数
&& !blankflag && cur!=EOF);//是否接受空白符
return cur;
```

2. void lexAnalysis()

功能：词法分析整体流程。状态转移图如 2.2.2 节图 2-7 所示。

```
WHILE (cur ← getNextChar(blankflag, 1)) ≠ EOF DO //cur是当前读取到的字符
      SWITCH state DO  // state为当前状态
          CASE 0:
               SWITCH cur DO
                   CASE '+', '-', '*', '/', '(' , ')', '{', '}', ',', ';':
                         state ← FinishState  // FinishState表示完成了单词识别
                         BREAK
                   CASE  '>',  '<',  '!',  '=':
                         state ← 1
                         BREAK
                   CASE  '&':
                         state ← 2
                         BREAK
                   CASE  '|':
                         state ← 3
                         BREAK
                   DEFAULT:
                         IF cur是数值 THEN
                              state ← 4
                              标记当前单词类型为int类型
                         ELSE IF cur是字母 THEN
                              state ← 6
                         ELSE
                              state ← ErrorState  // ErrorState表示单词不能被此DFA接受
                              errortype ← 1  // 未知字符
```

```
                END IF
            END SWITCH
            BREAK
        CASE 1:
            IF cur ≠ '=' THEN 回退 cur   // 通过 other 边时，读取的字符进行回退
            state ← FinishState
            BREAK
        CASE 2:
            IF cur = '&' THEN
                state ← FinishState
            ELSE
                回退 cur
                state ← ErrorState
                errortype ← 2              // '&&' 或 '||' 输入有误
            END IF
            BREAK
        CASE 3:
            IF cur = '|' THEN
                state ← FinishState
            ELSE
                回退 cur
                state ← ErrorState
                errortype ← 2
            END IF
            BREAK
        CASE 4:
            IF cur 是数值 THEN state ← 4
            ELSE IF cur = '.' THEN
                IF 下一个字符是数值 THEN   // 可以使用 cin.peak()
                    state ← 5              // 检查小数位
                ELSE
                    state ← ErrorState
                    errortype ← 3          // 小数位为空
                END IF
                标记当前单词类型为 float 类型
            ELSE
                回退 cur
                state ← FinishState
            END IF
            BREAK
        CASE 5:
            IF cur 是数值 THEN state ← 5
            ELSE state ← FinishState
            END IF
            BREAK
        CASE 6:
            IF cur 是数值 OR cur 是字母 THEN state ← 6
            ELSE
                回退 cur
                state ← FinishState
```

```
            END IF
            BREAK
        DEFAULT:
            BREAK
    END SWITCH
    SWITCH state DO
        CASE ErrorState:
            将错误种类和行数加入优先队列
        CASE FinishState:
            IF cur 不需要回退 THEN word.push_back(cur)   // 存进数组 word 里
            IF 单词类型是 int 类型 THEN   // 字面量截取
                //用 ite 倒序遍历每一单元
                FOR ite ← word.rbegin() TO word.rend() DO
                    // digit 为无符号整型，做隐含截取
                    digit ← digit + base * (*ite - '0')
                    base ← base * 10
                END FOR
                将 digit 存入序列
            ELSE
                将 word 存入序列
            END IF
            重新初始化参数
            BREAK
        DEFAULT:
            blankflag ← 1   // 下次允许读入空白符
            word.push_back(cur)
            BREAK
    END SWITCH
END WHILE
```

3.1.6 测试用例

1. 简单的正确测试

例 3.1 简单的正确测试实例。

输入源程序（源程序在 input/code1.txt）：

```
void main()
{
    int a;
    a=1;
    while(a<10){
        a=a+1;
    }
}
```

运行结果如图 3-2 所示。

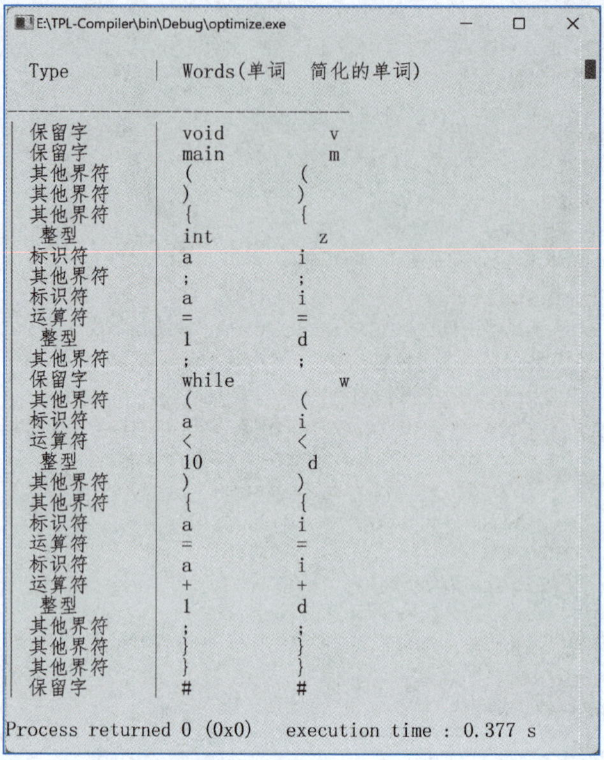

图 3-2 简单的正确测试实例的词法分析

详细的运行结果见文件 output\result1.txt。

2. 复杂的正确测试

例 3.2 复杂的正确测试实例。

输入源程序（源程序在 input/code2.txt）：

```
void main()
{
     int a,b,c,i,x,y;
     a=1;b=1;c=1;x=1;y=1;
     for(i=1;i<a;i=i+1){
          while(x>=y){
               if(a>=b){
                    while(c<1){
                         c=a*b; b=-1*c; }
               }
               else{
                    a=a+1;b=a*2;
               }
          }
     }
}
```

运行结果如图 3-3 所示。

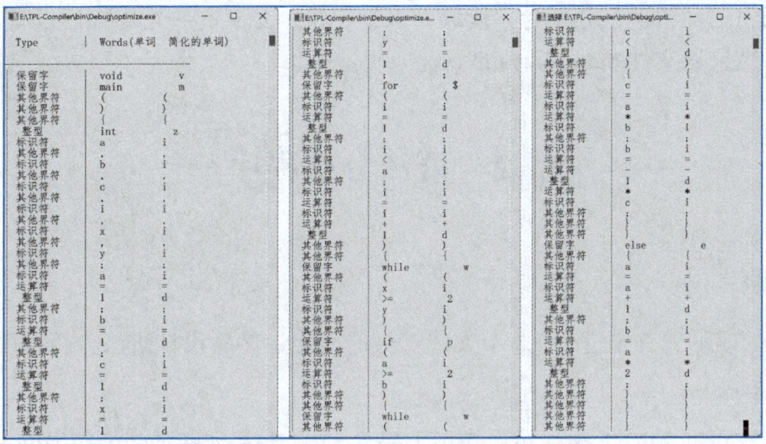

图 3-3　复杂的正确测试实例的词法分析

详细的运行结果见文件 output\result2.txt。

3. 词法有错误的测试

例 3.3　词法有错误的测试实例。

输入源程序（源程序在 input/code3.txt）：

```
void main()
{    int x,y;
     if (x!=y)
       ~&5.
     0
     18446744073709551616.2
}
```

运行结果如图 3-4 所示。

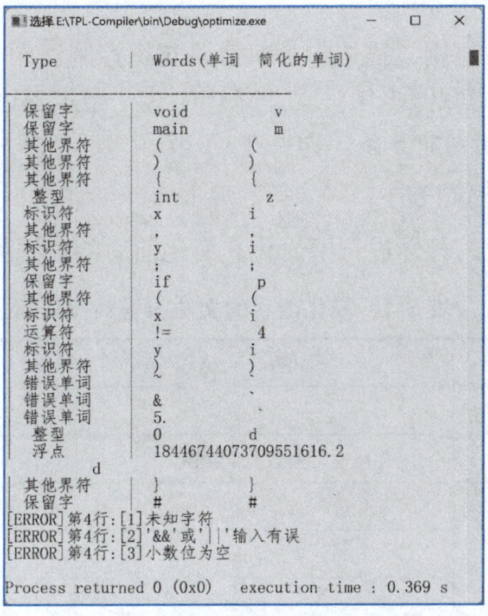

图 3-4　词法有错误的测试实例

第四行识别出三种错误，分别为：读取 ~ 未知字符；& 只有一个；5. 后没有小数。

详细的运行结果见文件 output\result3.txt。

3.2 语法分析程序

3.2.1 设计思路

按照 2.3 节的提示，首先进行 2.3 节文法符号的简化，然后设计语法分析程序。

1. 程序功能

先求出所有字符的 FIRST 集，然后做出 LALR(1) 分析表，再对词法输出的 token 序列完成语法分析。

2. 程序设计说明

① FIRST 集用二进制优化的 Floyd 判断连通性（求传递闭包）$O(n^2)$，五行代码解决。

② 一个状态内的项目由一种排序规则分成两部分：前半部分是非归约项目，按点后字符排序；后半部分是归约项目，按规则编号排序。

move() 函数用类似去重操作的快慢指针将点后字符相同的项目存入一个队列，传入求闭包函数，闭包用此队列完成不再增加的判断。

③ 状态和状态的判重可以用 std::map，也可以采用其他判重办法。

④ 根据第③条规则查找到的同心集，如果合并后向前搜索符有变化，需要重新加入队列。

⑤ 出现的报错做的是恐慌式报错，发现错误进行弹栈或检查下一字符，也没有分类，统一报“语法错误”。

3.2.2 设计原理

1. 文法

根据程序设计语言的语法规则，描述包含赋值语句、控制语句的源程序的语法，TPL 语言对应的文法产生式有 39 条，其中赋值语句对应 7 条产生式，布尔表达式对应 13 条产生式，控制结构对应 14 条产生式，变量声明对应 5 条。详见 2.3.1 节。

2. 简化前后的文法符号对照表

为了存储方便，将文法中的符号进行了简化。简化前后的对照见表 3-1。

表 3-1 简化前后的文法符号对照表

单词种类	符　号	简　称
标识符	id	i
数字序列	整数 / 浮点数	d
保留字	int	z
	void	v
	main	m

续表

单词种类	符 号	简 称
保留字	if	p
	else	e
	while	w
	for	$
	float	l
分界符	<=	1
	>=	2
	==	3
	!=	4
	&&	5
	||	6
其他	S’	Y
	T^p	T
	W^d	K
	F_1	F
	F_2	G
错误符号	`	`

简化前后符号对照表存放在文件 input\type.txt 中。

3. 简化的文法

将 2.3.1 节的文法按照表 3-1 进行简化，得到简化后的文法。

（1）赋值语句产生式

① A → i=D;

② D → D+D

③ D → D*D

④ D → -D

⑤ D → (D)

⑥ D → i

⑦ D → d

（2）布尔表达式产生式

① E → E6E

② E → E5E

③ E → !E

④ E → (E)

⑤ E → iRi

⑥ E → dRd

⑦ E → iRd

⑧ R → 1

⑨ R → 2

⑩ R → 3

⑪ R → 4

⑫ R → 5

⑬ R → 6

⑭ R → <

⑮ R → >

（3）控制结构产生式

控制结构产生式包括主函数产生式、变量赋值产生式、if-else 分支结构产生式、while 循环结构产生式、for 循环结构产生式、变量声明产生式。简化后的结果如下：

① 主函数产生式如下：

Y → zm(){S}

S → SS

② 变量赋值产生式如下：

S → A

③ if-else 分支结构产生式如下：

S → C{S}

S → T{S}

T → C{S}e

C → pE

④ while 循环结构产生式如下：

S → K{S}

K → WE

W → w

⑤ for 循环结构产生式如下：

F → $(A

G → FE;i=D)

S → G{S}

⑥ 变量声明产生式如下：

S → B;

B → BL

L → L,i

L → i

B → z

B → l

简化后文法存放在文件 input\grammar.txt 中。

3.2.3 存储结构

项目文件结构如图 3-1 所示。语法分析主要存储结构（存放在文件 macro.h 和 gmaanalysis.cpp 中）如下：

```
vector<grammar> rulearray;  // 规则集
set<char> First[N]; // First 集（集合）
int GOACTION[N][60]; // LALR(1) 分析表，见文件 Goto.txt
queue<grammar> I; // 存 GO 函数的结果，并传入代码里求闭包的函数（队列）
vector<int> stack_states; // 三种栈用的 vector，方便打印
struct grammar { // 语法产生式
    string left, right; // 左部 右部
    int id; // 规则编号
    set<char> symbols; // 标识符
    int pointpos;
    // 参数构造，点的位置为 -1，用于创建规则表
   grammar(string l, string r, set<char> s) : left(l), right(r),
        symbols(s), pointpos(-1) {}
    // 复制构造，点的位置自动加 1，用于从规则表和其他状态引入项目
    grammar(grammar b, set<char> s) : left(b.left), right(b.right),
        id(b.id), symbols(s), pointpos(b.pointpos + 1) {}
    // ** 省略了按字典序的排序和按左部查找的规则 **//
    bool isrepro() const { return pointpos == right.size(); } // 判断归约项目
    char get() const { return right[pointpos]; } // 取点后字符
};
```

为了高效计算 closure() 函数，因此将项目中点后的向前搜索字符相同的排在一起。以下给出存储结构：

```
STRUCT comp { // 仿函数，构造偏序关系
    bool operator()(const grammar &a, const grammar &b) {
        // 将项目分为两部分
        // 前半部分为非归约项目，后半部分为归约项目
        IF b.isrepro() AND NOT a.isrepro())THEN
            RETURN TRUE // a < b
        IF a.isrepro() AND NOT b.isrepro())THEN
            RETURN FALSE // a > b
        IF a.isrepro() AND b.isrepro() THEN
            RETURN a.id < b.id // 比较规则编号
        RETURN
         第一关键字：比较点后字符
         第二关键字：比较规则编号
         第三关键字：比较点的位置
    }
};
```

3.2.4 函数说明

语法分析所有函数的定义都在文件 gmaanalysis.cpp，其中，函数 gmaanalysis() 在文件 main.

cpp 中被调用。函数说明如下：

1. void printRule(grammar r);

功能：输出语法规则，即语法规则的文法。

2. void printState(set<grammar,comp> s,int cnt)

功能：输出状态集。

3. void printFIRST()

功能：输出 FIRST 集。

4. void printGOTO(set<grammar,comp> I[])

功能：输出 GOTO 表。

5. void printStack(stack_states, stack_symbols, stack_place)

功能：输出语法分析的三个栈（符号栈、状态栈、语义栈）内容。

6. void initRuleSet()

功能：初始化语法规则表。

7. void initFirst()

功能：初始化 FIRST 集。

8. set<grammar,comp> closure(queue<grammar> I)

功能：计算 closure() 函数。

9. void initGoto()

功能：创建 GOTO 表，对每个已生成的状态创建 GO() 函数，然后调用 clousure() 函数。

10. bool gmaanalysis()

功能：语法分析过程，给出分析过程，并能报错。

3.2.5 主要算法

本节介绍重要函数的算法。

1. void initFirst( )

功能：初始化 FIRST 集。

```
建立邻接矩阵
使用二进制优化的 Floyd 算法求连通性的可达矩阵
根据可达矩阵，将每个符号能达到的符号存入它的 FIRST 集
```

2. set<grammar,comp> closure(queue<grammar> I)

功能：计算 closure() 函数，传入存 GO() 函数结果的规则队列，返回闭包。

```
WHILE I NOT EMPTY DO
    IF 栈顶不是归约项目 THEN
```

```
        求出新的向前搜索符号
        IF 栈顶项目已存在 res 中 THEN
            IF 与存在项目的向前搜索符号是包含关系且之前规则个数更多 THEN
                CONTINUE
            ELSE
                更新以前项目的向前搜索符号 ← 栈顶项目的向前搜索符号 ∪ 以前项目的向前搜索符号
            END IF
        ELSE
            栈顶项目不存在 res 中，加入 res
        END IF
        从规则表里加入新的项目到队列 I 中，待处理
    ELSE
        栈顶是归约项目，加入 res
    END IF
END WHILE
RETURN res
```

3. void initGoto()

匿名函数 mergable()，用于判断新旧两状态 A 和 B 是否需要合并向前搜索符。

```
FOR 状态的每个规则 DO
    IF A ∩ B ≠ B THEN // A不包含B
        RETURN 1// 新状态未全包含，状态需要合并
    END IF
END FOR
RETURN 0 // 新旧状态相同，状态不需要合并
```

以下是 initGoto() 函数主干代码，先求 GO() 函数，然后调用 closure()，最后合并同心集。

```
将 0 号规则存入 I[0] 和 待处理队列 Q
WHILE Q NOT EMPTY DO // 以下对队头状态操作，省略了队列操作
    // Q 里的状态已经按自定义规则 comp(参考 3.2.3) 排序，以下类似去重操作的双指针
    初始化慢指针 j 和快指针 k 都指向第一个规则
    u ← 慢指针 j 指向的项目的点后符号
    WHILE TRUE DO // 以下对栈顶状态的每个规则 rule 操作
        WHILE k没越界 AND k没指向归约项目 AND k的点后符号 =u THEN
            k++
            用 q 暂存这条规则 // GO(I, u)
        END WHILE
        newI ← closure(q) // 求 closure
        IF newI 存在同心集 THEN
            IF 判断需要合并函数返回值为 1 THEN //需要合并
                更新以前项目的向前搜索符号 ←
                        newI 的向前搜索符号 ∪ 以前项目的向前搜索符号
                更新 GOACTION 归约边
                更新后的同心集加入 Q
```

```
                END IF
                更新 GOACTION 栈顶状态移进边指向同心集
           ELSE
                添加移进边和归约边
                保存状态
                新状态加入 Q
            END IF
            清空 q
            IF k 指向规则是规约项目 OR k 临界 THEN BREAK // 剪枝
            更新慢指针和 u
        END WHILE
      GOACTION[0][num['#']] ← GOACTION[1][num['#']] ← acc
    END WHILE
```

4. bool gmaanalysis()

功能：语法分析过程，给出分析过程，并能报错。

```
进行初始化，同时状态栈压入 0，符号栈压入 #，语义栈压入占位符
WHILE TRUE DO
    X ← stack_states.back() // 状态栈栈顶
    a ← num[getNextChar()] // 面临字符的对应编号
    IF GOACTION[X][a] = acc THEN BREAK
    ELSE IF GOACTION[X][a] > 0 THEN // 移进
       stack_states.push_back(GOACTION[X][a])
        stack_symbols.push_back(a)
        stack_place.push_back({{line, next}, ""}) // 压入该字符位置
    ELSE IF GOACTION[X][a] < 0 THEN // 归约
        弹出三个栈
        非终结符入符号栈，状态栈查 GO 表入栈
        进行语义分析，生成中间代码，语义有错就记录
    ELSE // GOACTION[X][a] = 0，出错
        记录错误
        WHILE 语义栈栈顶不是非终结符且不是 '#' DO 弹栈
        WHILE 面临字符仍然出错且不是 '#' DO 读下一个字符
        IF 状态栈栈顶是 '#'  OR 面临字符是 '#' THEN BREAK
    END IF
 END WHILE
 RETURN 是否发生错误
```

3.2.6 测试用例

1. 简单的正确测试

延续例 3.1。

输入源程序（源程序在 input/code1.txt）。

运行结果如图 3-5 所示。

```
E:\TPL-Compiler\bin\Debug\optimize.exe
测试用例 input/code1.txt 的每个单词简化后的字符:
vm(){zi;i=d;w(i<d){i=i+d;}}#

语法语义分析过程如下:
状态栈:    0
符号栈:    #
语义栈:    0
           0

状态栈:    0  2
符号栈:    #  v
语义栈:    0  1
           0  0

状态栈:    0  2  3
符号栈:    #  v  m
语义栈:    0  1  1
           0  0  1

状态栈:    0  2  3  4
符号栈:    #  v  m  (
语义栈:    0  1  1  1
           0  0  1  2

状态栈:    0  2  3  4  5
符号栈:    #  v  m  (  )
语义栈:    0  1  1  1  1
           0  0  1  2  3
```

```
E:\TPL-Compiler\bin\Debug\optimize.exe

状态栈:    0  2  3  4  5  6
符号栈:    #  v  m  (  )  {
语义栈:    0  1  1  1  1  2
           0  0  1  2  3  0

状态栈:    0  2  3  4  5  6  21
符号栈:    #  v  m  (  )  {   z
语义栈:    0  1  1  1  1  2   3
           0  0  1  2  3  0   0

弹出完
状态栈:    0  2  3  4  5  6
符号栈:    #  v  m  (  )  {
语义栈:    0  1  1  1  1  2  3
           0  0  1  2  3  0  0

归约成 B
状态栈栈底 9
符号栈栈底 B
状态压入 0
归约完
状态栈:    0  2  3  4  5  6  9
符号栈:    #  v  m  (  )  {  B
语义栈:    0  1  1  1  1  2  4
           0  0  1  2  3  0 122
                             1

状态栈:    0  2  3  4  5  6  9
符号栈:    #  v  m  (  )  {  B
```

图 3-5　简单的正确测试实例的语法分析

以上是部分运行结果，因为运行结果比较长。详细的运行结果见文件 output\result1.txt。

2. 复杂的正确测试

延续例 3.2。

输入 input\code2.txt 中的源程序，因为语法分析过程比较长，因此存放在文件 output\result2.txt 中。

3. 语法错误的测试

例 3.4 语法错误的测试实例。

输入源程序（源程序在 input/code4.txt）：

```
1  void main()
2  {
3   int a,b,c,d,i;
4       a=1;b=10;
5   for(i=1;i<=8;i=i+){
6           if(a!=b)
7               {a=*ab}
8       }
9  }
```

运行结果如图 3-6 所示。

```
[ERROR]第5行:[4]语法错误
[ERROR]第7行:[4]语法错误

Process returned 0 (0x0)   execution time : 0.502 s
Press any key to continue.
```

图 3-6　语法错误的测试实例

第 5 行，i+ 后面缺少整数或整数类型变量，报错一次。

第 7 行，*ab 应该是 a*b，报错一次。

详细的运行结果见文件 output\result4.txt。

3.3 语义分析和中间代码优化程序

3.3.1 设计思路

按照 2.4 节和 2.5 节的实验要求、实验内容和提示，首先设计语义动作，然后设计实现语义分析程序，之后对语义分析生成的四元式中间代码进行优化，划分基本块，对基本块采用 DAG 图进行优化，并找出优化后的数据流图的循环结构，对循环结构不做进一步优化。

1. 程序功能

① 语义分析生成四元式形式的中间代码。

② 划分基本块，对每个基本块做优化，对优化后的四元式重新编号。

③ 输出优化前的四元式代码，输出每个基本块内代码，输出优化后重新编号排序的代码。

④ 找每个基本块的必经结点集，找回边，然后找循环，之后输出循环。

2. 程序设计几点说明

① 采用语法制导语义分析方法，即在语法分析归约时调用生成中间代码函数，具体实现代码在文件 geneintercode.cpp 中。

② 语法分析和语义分析完成且不出错时，在主函数调用优化函数，实现中间代码优化，具体实现代码在文件 optimize.cpp 中。

③ 程序实现了 for 循环和 while 循环，不包括 break 语句和 continue 语句。

④ 被测试的 TPL 语言语法规则的文法符号的简化见 3.2 节。

3. 难点设计

① 四元式存储方法：map< 两个子节点编号和运算符，父节点编号 >。

② 四元式存临时变量，开头用宏定义的 '~' 来区分，打印时为 t，能够处理 t 开头的标识符。

③ 使用模板类，对同类型的 a 和 b 做算术运算，预先算出字面量。

④ 划分块用 pair 存左右边界 <left,right>，假如 jump 要跳到位置为 pos，只需二分查找 <pos,pos>。在每个块四元式再穿成串的时候也方便获取块内第一条四元式编号。

⑤ 块内 DAG 图并没有存成图的数据结构。因为只需要获取一个节点的直接前驱和直接后继，也不需要对图做遍历，所以用四元式存每块 DAG 子图，方便查找。

⑥ 块之间的 DAG 需要建图，采用了链式前向星存正反边。这种存储结构使得建图的算法时间复杂度低。

⑦ 静态开点，用变量名查找节点编号 unordered_map<string,int> node，int 是节点编号，unordered_map(key,value) 是一个将 key 和 value 关联起来的容器，它可以高效地根据单个 key 值查找对应的 value。

⑧ 正确处理转型，且优化后能将转型后的值直接放入需要放入的变量内，如两个 int 类型相加存入 float 类型变量，只需两条四元式。

3.3.2 设计原理

1. 语义分析原理

语义分析是基于语法制导下的语义分析，对每个产生式编制一个语义子程序，在进行语法分析的过程中，当使用一个产生式进行归约时，就调用该产生式相应的语义子程序实现语义检查与翻译。语法制导定义的实现途径是首先将 LR 分析器能力扩大，增加在归约后调用语义规则的功能，再增加语义栈，语义值放到与符号栈同步操作的语义栈中，多项语义值可放在同一个语义栈。

表 3-2 给出每个产生式的语义子程序及其对应修改后的产生式，其中变量地址指的是暂存记录变量信息的空间在数据结构中的位置，右部符号的信息经过语义动作赋值到左部符号。

表 3-2 语义动作表

产生式（简化前）	产生式（简化后）	语义动作
S → A	S → A	S ←｛空 ,A.codebegin｝
S → B;	S → B;	S ←｛空 ,B.codebegin｝
A → id=D;	A → i=D;	A ← {D.codebegin} varAssign()// 生成变量赋值代码
L → L,id	L → L,i	if 变量存在声明 then flag ← 变量声明错误 L ←｛｛上个变量地址 , 变量地址｝, 变量名｝
L → id	L → i	if 变量存在声明 then return 变量声明错误 L ←｛｛空 , 变量地址｝, 变量名｝
B → BL	B → BL	do{ // 回填变量的类型 用 B 的类型回填 L 存的地址的类型 得到上个变量地址存 L 里 }while(L 内的变量地址不为空)
B → int B → float	B → l B → z	B ←｛类型 ,nextstate}
D → (D)	D → (D)	D ← D
D → - D	D → - D	auto Dneg ← newTmp(D 的类型) emit(("@", D 变量名 , "", t- 编号)) D ← {Dneg 类型 ,Dneg 的变量地址 ,D.codebegin} // 最后一行的 D 是产生式左部的 D，其他都是右部的 D

D → D*D
D → D+D
	D → D*D
	D → D+D
		D ← typeCast(D1,D2)// 将 D1、D2 转成同型
		Dres ← newTmp(D 的类型)
		emit(("*" 或 "+",D1,D2,t- 编号))
		D ← {Dres 类型 ,Dres 的变量地址 ,D1.codebegin}
		// 为了区别产生式 D → D*D D → D+D 的左右的 D，产生式改为
		D → D1*D2 D → D1+D2

D → d	D → d	auto dtmp ← newTmp(d 的类型) D ← {d 的类型 ,dtmp 变量地址 , nextstate} emit(" ← d", d, "", "t"- 编号)
D → id	D → i	if 存在声明 then 取到变量地址 else return 变量未声明 D ← {D 类型 ,D 的变量地址 },D.codebegin})
E → !E	E → !E	swap(E.tc,E.fc)
E → (E)	E → (E)	E ← E

续表

产生式（简化前）	产生式（简化后）	语义动作
E→E && E	E→E5E	backpatch(E1.tc,E2.codebegin) E←{E2.tc,merge(E1.fc,E2.fc)}, E1.codebegin } // 上面的 E1 和 E2 依次对应 E→E5E 右边两个 E
E→E || E	E→E6E	backpatch(E1.fc,E2.codebegin) E←{merge(E1.tc,E2.tc),E2.fc, E1.codebegin} // 上面的 E1 和 E2 依次对应 E→E6E 右边两个 E

E→dRd
E→id R d
E→id R id
	E→dRd
	E→iRd
	E→iRi
		// 字面量转变量
		auto D1←dti(R 左)，D2←dti(R 右)
		typeCast(D1,D2)// 将 D1 和 D2 转成同型
		emit("j"+op, D1, D2, "")　　// 真链
		emit("jump", "", "", "")　　// 假链
		E←{nextstate-2,nextstate-1,codebegin}

R→rop rop 包括 <= >= == != < > && ||	R→1 R→2 R→3 R→4 R→5 R→6 R→<R→>	R←{rop}
C→if E	C→pE	backpatch(E.tc,nextstate) C←{E.fc, 空 ,E.codebegin}
S→C{S}	S→C{S}	S←{merge(C.chain,S.chain),C.codebegin}
T^P→C{S} else	T→C{S}e	T←{merge(nextstate,S.chain),,C.codebegin} emit("jump", "", "", "") backpatch(C.chain,nextstate)
S→T^P{ S}	S→T{S}	S←{merge(T.chain,S.chain),,T.codebegin})
S→W^d {S}	S→K{S}	backpatch(S.chain,nextstate) emit("jump", "", "", K.codebegin) S←{ K.chain, K.codebegin})
W^d→W E	K→WE	backpatch(E.tc,nextstate) K←{ E.fc, , W.codebegin}
W→while	W→w	W←{nextstate}
F_1→for (i=d;	F→$(A	F←{ A.codebegin}

F_2→F_1i<=d; i=i+1)	G→FE;i=D)	varAssign()// 同变量赋值语句 A→i=D
		emit("jump", "", "", E.codebegin)
		backpatch(E.tc,nextstate)
		G←({{E.fc, D.codebegin }, F.codebegin})

S→F_2{ S }	S→G{S}	backpatch(S.chain,nextstate) emit("jump", "", "", G.prevbegin) backpatch(G.chain,nextstate) S←{ 空 , G.codebegin}
S→SS	S→SS	backpatch(S1.chain,S2.codebegin) S←{ S2.chain, S1.codebegin} // 上面的 S1 和 S2 依次对应 S→SS 的右边的 S
S’→int main( )	Y→zm(){S}	backpatch(S.chain,nextstate) Y←占位符

2. 局部优化原理

代码优化部分主要实现对基本块内的局部优化，以及循环优化中的循环查找。实验原理详见 2.5 节。

3.3.3　存储结构

存储结构在文件 macro.h 和 geneintercode.cpp 中。以下给出其内容：

1. 语义分析生成中间代码的存储结构

```
struct formula{ //四元式
    string op,a,b,c;
    formula(string op,string a,string b,string c):op(op),a(a),b(b),c(c){};
     //参数构造函数
    formula(){};//无参构造函数
};
map<string,size_t> place;//查找变量名在符号表的入口地址或临时变量编码
extern vector< piis > words[N];//词法分析的记录，N 为行号
extern vector<grammar> rulearray;//规则集
```

2. 中间代码的优化存储结构

```
struct block{
    map<piis,int> graph;       //DAG 图
    vector<formula> fms;       //新生成的四元式
}blocks[N];
vector<pii> blocks_divide;    //块在原四元式的左右区间
map<string,string> tmpid;     //重新给块内 tmp 编号
struct edge{int v,next;}e[N]; //边集
vector< set<int> > D,loop;  //必经节点集和循环内的块编号
```

3.3.4　函数说明

语义分析程序和代码优化程序主要函数说明如下。所有函数的定义都在文件 geneintercode.cpp 或 optimize.cpp。其中，函数 optimize() 在文件 main.cpp 中被调用。

1. 语义分析函数说明

```
bool istmp(string s) //s 是否为临时变量
string tmpPrefixTo_t(string s) //返回值将临时变量的前缀修改为 't'
int merge(int p1,int p2)     //拉链，p2 的链尾改为 p1
void backpatch(int p,string t) //回填，把链首 p 所连接的每个四元式的第四区段改为 t
//生成中间代码，传入语义栈和规则编号
int generateCode(vector<piis>& stack_place,int ruleid)
```

2. 中间代码优化函数说明

```
void add(int u,int v,int* __ht) //存正向边或存反向边
void adde(int u,int v)  //添加边
template<typename T> //模板类，对同类型的 a 和 b 做算术运算
string operate(const string& op, const T& a, const T& b)
void initBlock(int l,int r,int cur) //对块建图并生成新中间代码，cur 为当前块编号
void divideBlocks() //分块
void renewFms() //将每个块四元式再穿成串
void initdom() //初始化必经节点集
void findLoop() //查找循环
void optimize() //优化四元式
```

3.3.5 主要算法

1. int generateCode(vector<piis>& stack_place,int ruleid)

以下是匿名函数 newTmp()，其功能是分配新临时空间并存入内容。

```
auto newTmp = [&](pii type, string name = "") -> piis& {
    // 记录一个 type 类型的变量，不传名字则为临时变量，返回所存内容
    IF name 为空 THEN
        name ← 临时变量前缀 + 临时变量编号
    END IF
    place[name] ← 临时空间地址
    临时空间存入 type 和 name
    RETURN 临时空间内容
};
```

以下是匿名函数 typeCast()，其功能是实现类型转换。

```
auto typeCast = [&](piis& D1, piis& D2, int type = FLOAT) {
    // 将 D1 和 D2 转成同型，不同默认转为浮点
    IF D1 和 D2 类型不同 THEN
        申请空间
        auto& Dcast ← D1.var != type ? D1 : D2; // 判断谁需要转型，为引用数据类型
        op ← Dcast.var = INT ? "itf" : "fti"; // 转型为另一种类型
        生成四元式
        Dcast = {{type, 变量地址 }, Dcast.codebegin}; // 更新 Dcast
    END IF
 };
```

generateCode( ) 函数的主干算法伪码如下：

```
先退语义栈存入临时栈，方便后续入栈
迭代器 ite 指向临时栈最后一个字符
```

```
SWITCH (ruleid) {
    // 具体见语义分析原理
}
```

2. 分块算法 void divideBlocks()

```
入口语句是程序的第一个语句
出口语句是程序的最后一个语句
FOR 倒序遍历四元式 DO
    IF 为转移语句 THEN
        入口语句是跳转的目标语句
        出口语句是跳转语句
        出口语句是跳转目标语句的前一个语句
        IF 为条件跳转语句 THEN
            入口语句是条件跳转的下一条语句
        END IF
    END IF
END FOR
l ← 0
FOR 正序遍历四元式 DO
    IF 是入口语句 THEN l ← i
    IF 是出口语句 THEN
        IF NOT l THEN CONTINUE
            blocks_divide.push_back(make_pair(l, i));
        l ← 0
   END IF
END FOR
```

3. void initBlock(int l,int r,int cur)

功能：对块建图并生成新中间代码，cur 为当前块编号。

设置了字符串数组 v 方便取到节点所复写传播的任一的字符，以下称为节点值。

匿名函数 insertNode() 将 s 挂载到位置为 pos 的节点。

```
auto insertNode = [&](int pos, string s) {
    IF 节点值为空 THEN 节点值 ← s;
    ELSE
        IF 节点值为临时变量 OR s 是数值 THEN swap(s, 节点值); // 交换
        symbols[pos].insert(s); // 复写加入 s
    END IF
   node[s] ← pos; // 记录 s 存在的节点位置
};
```

以下是匿名函数 newNode()。

功能：如果 s 不存在且不为空，则创建新节点，返回 s 是否为数字；如果 s 为空，有可能是取负数等一元运算，为了方便可以认为 s 是数字。

```
auto newNode = [&](string& s) {
    IF s EMPTY THEN
        s ← "0";
        RETURN 1;
    END IF
    IF s 不存在 THEN
        insertNode(nxtnd++, s); // 生成新节点
    END IF
    RETURN isdigit(v[node[s]].front());
};
```

以下是匿名函数 deleteNodes()，其功能是删除新生成的节点。

```
auto deleteNodes = [&](string op, string B, string C) {
    删掉 B
    IF (op = "+" OR op = "-" OR op = "*") THEN
        删掉 C
    END IF
};
```

initBlock() 函数主体算法步骤如下：

```
 FOR 块内每条四元式 DO
    newNode(B)
    newNode(C)
    IF op 是跳转 THEN BREAK
    IF op = "=" THEN
        insertNode(node[B], A)
        CONTINUE
    END IF
    IF B 和 C 是数字 THEN P ← B 和 C 运算结果
        IF B 和 C 节点都是新创建的 THEN deleteNodes(op, B, C)
    ELSE
        IF 存在 { node[B], node[C] }, op } THEN
            insertNode( { node[B], node[C] }, op } 的父节点 , A)
            CONTINUE
        ELSE IF (op = "+" OR op = "*") AND 存在 { node[C], node[B] }, op } THEN
            insertNode( { node[C], node[B] }, op } 的父节点 , A)
            CONTINUE
        END IF
    END IF
    IF 存在记录 A 的节点 THEN
        IF A 不是叶节点 THEN 删除记录 A 的节点中附加标识符的 A
   ELSE
        IF B 和 C 是数字 THEN newNode(P)
        ELSE newNode(A)
        END IF
    END IF
```

```
    IF B 和 C 是数字 THEN insertNode(node[P], A)
    ELSE 记录 { node[B], node[C] }, op } 的父节点为 node[A]
    END IF
END FOR
```

4. void initdom()

功能：初始化必经节点集。

```
tmp ← 存入所有节点；
FOR i ∈ N - {1} DO D[i] ← tmp;
WHILE TRUE DO
    IF ++cur = nxtbl THEN
        IF 此次遍历没发生变化 THEN break;
        cur ← 2;
    END IF
    tmp1 ← D[i 的第一个反向边邻接节点 ];
    FOR 遍历其他邻接节点 v DO
        tmp1 ← tmp1 ∩ D[v];
    END FOR
    D[cur] ← tmp1 ∪ {cur};
END WHILE
```

5. void findLoop() 函数

功能：查找循环。

```
FOR 遍历每个块 DO
    FOR 遍历块的正向边指向节点 v DO
        IF D[i] 里有 v THEN (i, v) 加入回边集
    END FOR
END FOR
FOR 遍历每条回边 DO
    newloop 加入回边两个端点；
    q.push(一个端点);
    WHILE q NOT EMPTY DO
        FOR 遍历栈顶反向边指向节点 m DO
            IF 栈顶 != 回边指向节点 AND newloop 没记录 m THEN
                newloop 加入 m;
                q.push(m);
            END IF
        END FOR
    END WHILE
    loop.push_back(newloop);
END FOR
```

3.3.6 测试用例

1. 简单的正确测试

例 3.5 简单的正确测试实例。

输入源程序（源程序在 input/code1.txt）：

```
void main()
{
    int a;
    a=1;
    while(a<10){
        a=a+1;
    }
}
```

运行结果如图 3-7 所示。详细的运行结果见文件 output\result1.txt。

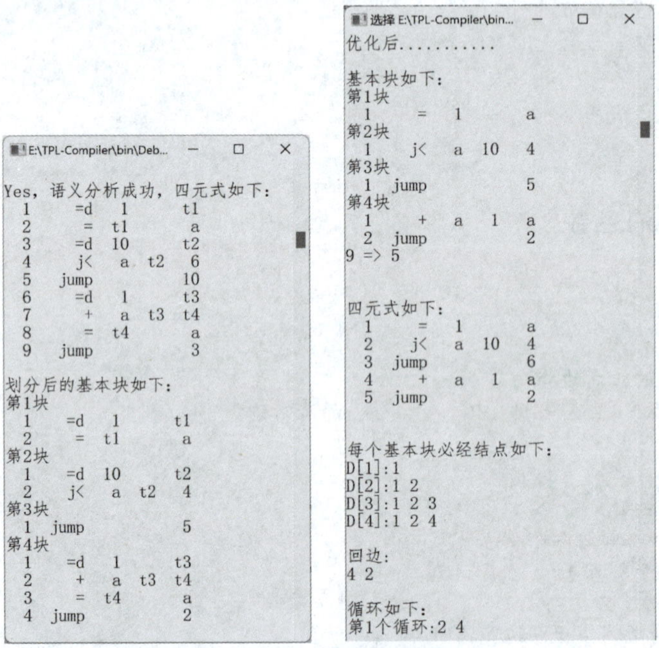

图 3-7 例 3.5 语义和优化结果

优化后的四元式省去了字面量赋值步骤，以及删除了冗余的赋值语句。

2. 复杂的正确测试

例 3.6 复杂的正确测试实例。

输入源程序代码（源程序在 input/code2.txt）：

```
void main()
{
    int a,b,c,i,x,y;
```

```
      a=1;b=1;c=1;x=1;y=1;
      for(i=1;i<a;i=i+1){
           while(x>=y){
                if(a>=b){
                     while(c<1){
                          c=a*b; b=-1*c; }
                }
                else{
                          a=a+1;b=a*2;
                     }
           }
      }
}
```

语义分析结果如图 3-8 所示。

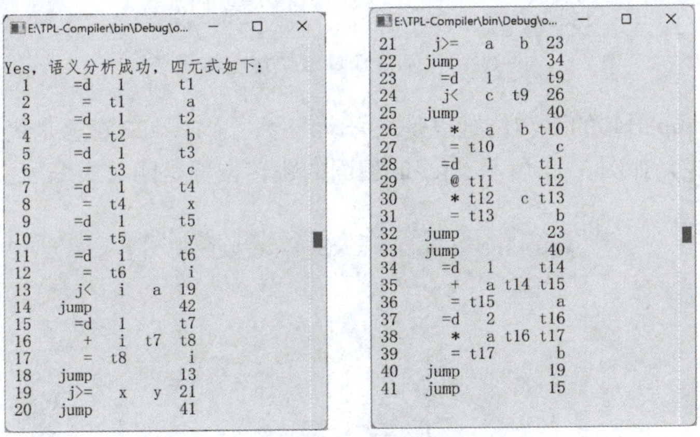

```
E:\TPL-Compiler\bin\Debug\o...
Yes，语义分析成功，四元式如下：
 1    =d   1      t1
 2     =  t1       a
 3    =d   1      t2
 4     =  t2       b
 5    =d   1      t3
 6     =  t3       c
 7    =d   1      t4
 8     =  t4       x
 9    =d   1      t5
10     =  t5       y
11    =d   1      t6
12     =  t6       i
13    j<   i   a  19
14  jump          42
15    =d   1      t7
16     +   i  t7  t8
17     =  t8       i
18  jump          13
19   j>=   x   y  21
20  jump          41
```

```
E:\TPL-Compiler\bin\Debug\o...
21   j>=   a   b  23
22  jump          34
23    =d   1      t9
24    j<   c  t9  26
25  jump          40
26     *   a   b t10
27     = t10       c
28    =d   1     t11
29     @ t11     t12
30     * t12   c t13
31     = t13       b
32  jump          23
33  jump          40
34    =d   1     t14
35     +   a t14 t15
36     = t15       a
37    =d   2     t16
38     *   a t16 t17
39     = t17       b
40  jump          19
41  jump          15
```

图 3-8　例 3.6 语义分析结果

划分基本块后，如图 3-9 所示。

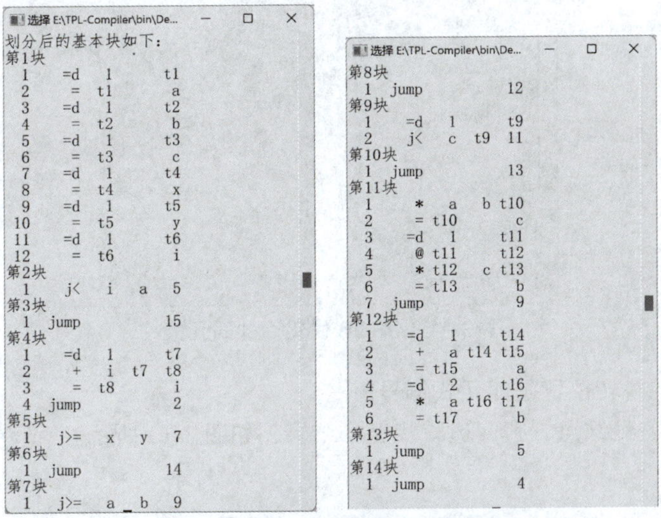

```
选择 E:\TPL-Compiler\bin\De...
划分后的基本块如下：
第1块
 1    =d   1      t1
 2     =  t1       a
 3    =d   1      t2
 4     =  t2       b
 5    =d   1      t3
 6     =  t3       c
 7    =d   1      t4
 8     =  t4       x
 9    =d   1      t5
10     =  t5       y
11    =d   1      t6
12     =  t6       i
第2块
 1    j<   i   a   5
第3块
 1  jump          15
第4块
 1    =d   1      t7
 2     +   i  t7  t8
 3     =  t8       i
 4  jump           2
第5块
 1   j>=   x   y   7
第6块
 1  jump          14
第7块
 1   j>=   a   b   9
```

```
选择 E:\TPL-Compiler\bin\De...
第8块
 1  jump          12
第9块
 1    =d   1      t9
 2    j<   c  t9  11
第10块
 1  jump          13
第11块
 1     *   a   b t10
 2     = t10       c
 3    =d   1     t11
 4     @ t11     t12
 5     * t12   c t13
 6     = t13       b
 7  jump           9
第12块
 1    =d   1     t14
 2     +   a t14 t15
 3     = t15       a
 4    =d   2     t16
 5     *   a t16 t17
 6     = t17       b
第13块
 1  jump           5
第14块
 1  jump           4
```

图 3-9　例 3.6 基本块划分结果

每块的 jump 语句的跳转位置是块号。每块采用 DAG 图优化后结果如图 3-10 所示。

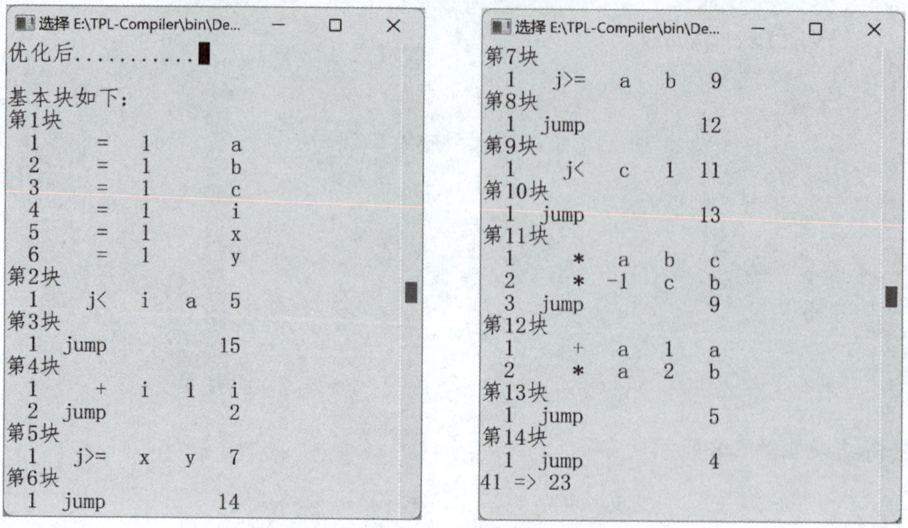

图 3-10　例 3.6 基本块优化结果

优化后每块的 jump 语句的跳转位置也是块号。最后一行 41=>23 意思是优化前共 41 条四元式，优化后共 23 条四元式，如图 3-11 所示。jump 后面的跳转位置是四元式编号。

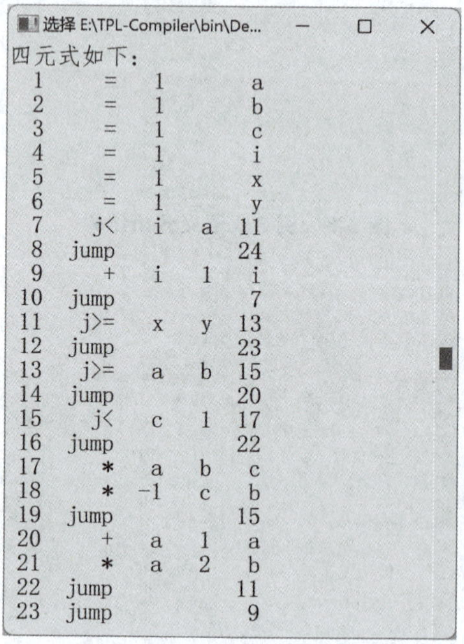

图 3-11　例 3.6 优化后的四元式

上图 jump 后面的跳转位置是四元式编号。

对优化后的块找必经结点，找回边，找循环结果，如图 3-12 所示。

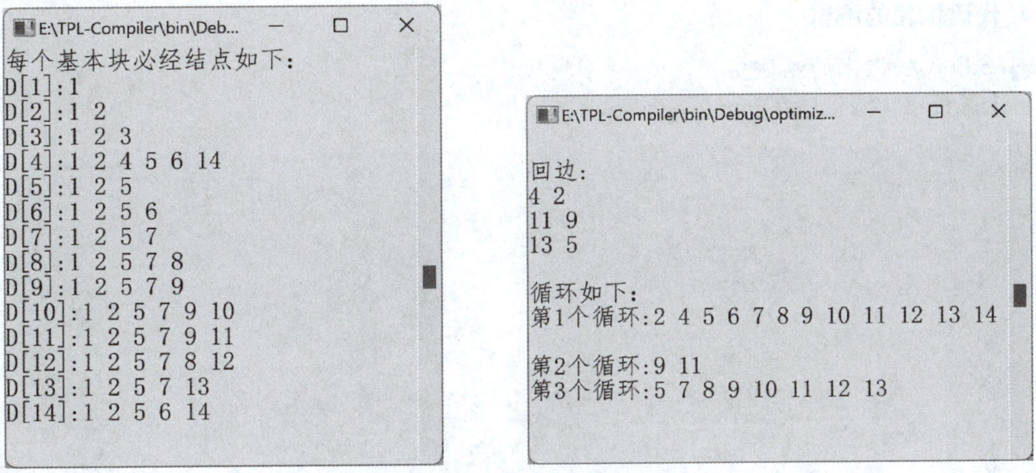

图 3-12　例 3.6 的循环

本例测试了循环嵌套，循环里套 if，if 里套循环。

正确找到了三个循环，第一个循环 for 里嵌套第二个循环 while，if 里面嵌套第三个循环 while 循环，循环跳转、ifelse 和布尔表达式的跳转均正确。

详细的运行结果见文件 output\result2.txt。

3. 语义错误的测试

例 3.7 语义错误的测试实例。

输入源程序（源程序在 input/code5.txt）:

```
1  void main()
2  {
3       int a,b;
4       float a;
5       while(c<b){
6            if(a==1) {a=b;}
7       }
8  }
```

运行结果如图 3-13 所示。详细的运行结果见文件 output\result5.txt。

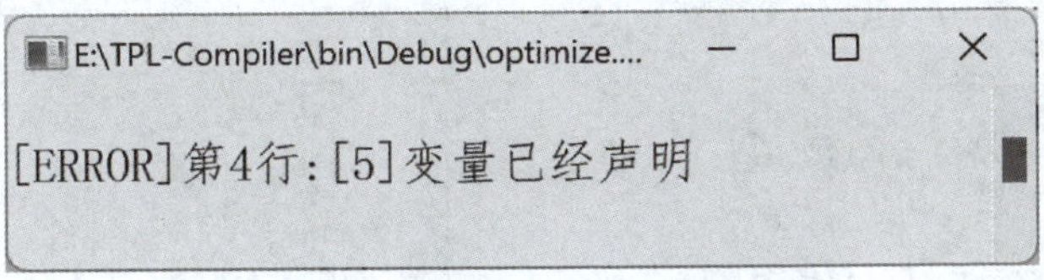

图 3-13　语义错误的测试实例

第 4 行，变量 a 已经在第 3 行声明类型。因此第 4 行是重复声明。

4. 代码优化的测试

例 3.8 代码优化的测试实例。

输入源程序（源程序在 input/code6.txt）：

```
void main()
{
    int a,b,c,d,i,x,y;
    for(i=1*(5+2);i<a;i=i+1){
        while(x>=y){
            if(a>=b){
                a=1;b=a*1;c=1*1;
            }else{
                while(1<=2){
                    c=a*b;d=b*a;b=-1*-d;
                }
            }
        }
    }
    int e,f;
    if(a<=b && e<=d || f<=b){a=1;}
}
```

语义分析结果如图 3-14 所示。

```
E:\TPL-Compiler\bin\Deb...
Yes，语义分析成功，四元式如下：
 1     =d    1         t1
 2     =d    5         t2
 3     =d    2         t3
 4      +    t2   t3   t4
 5      *    t1   t4   t5
 6      =    t5        i
 7     j<    i    a    13
 8   jump              43
 9     =d    1         t6
10      +    i    t6   t7
11      =    t7        i
12   jump              7
13    j>=    x    y    15
14   jump              42
15    j>=    a    b    17
16   jump              27
17     =d    1         t8
18      =    t8        a
19     =d    1         t9
20      *    a    t9   t10
21      =    t10       b
22     =d    1         t11
23     =d    1         t12
24      *    t11  t12  t13
```

```
E:\TPL-Compiler\bin\Deb...
25      =    t13       c
26   jump              41
27     =d    1         t14
28     =d    2         t15
29    j<=    t14  t15  31
30   jump              41
31      *    a    b    t16
32      =    t16       c
33      *    b    a    t17
34      =    t17       d
35     =d    1         t18
36      @    t18       t19
37      @    d         t20
38      *    t19  t20  t21
39      =    t21       b
40   jump              27
41   jump              13
42   jump              9
43    j<=    a    b    45
44   jump              47
45    j<=    e    d    49
46   jump              47
47    j<=    f    b    49
48   jump              51
49     =d    1         t22
50      =    t22       a
```

图 3-14　例 3.7 语义分析结果

划分基本块后，如图 3-15 所示。

每块的 jump 语句的跳转位置是块号。每块采用 DAG 图优化后结果如图 3-16 所示。

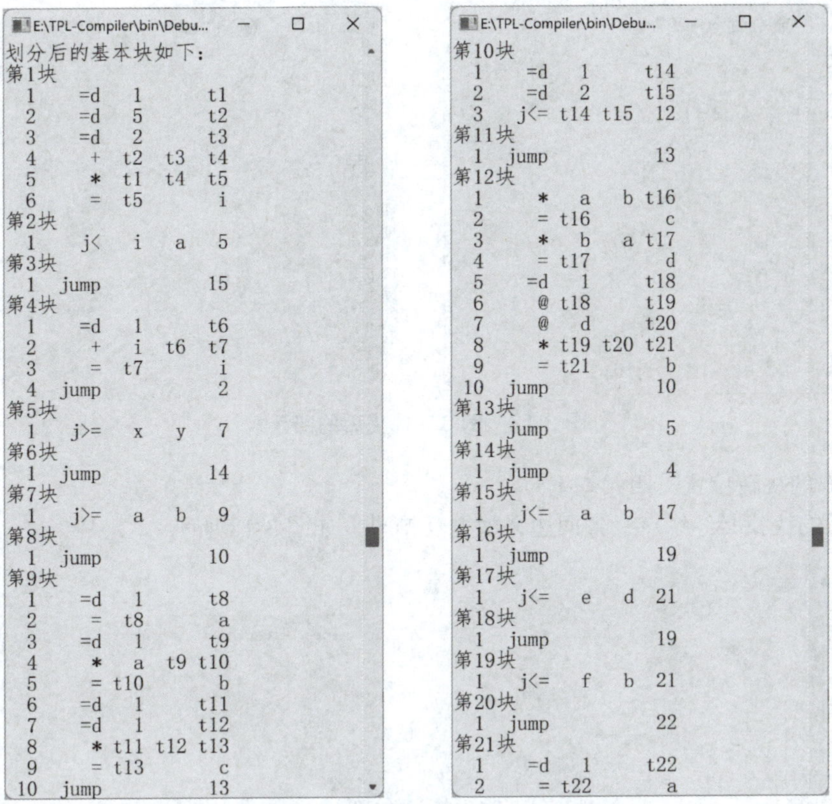

图 3-15　例 3.7 的基本块划分结果

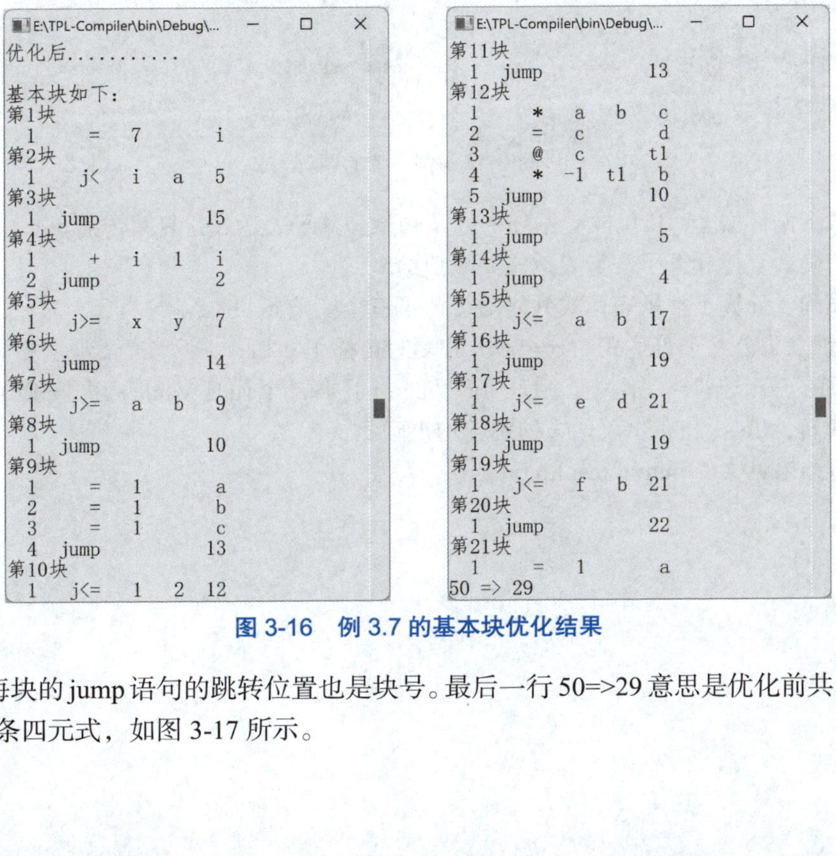

图 3-16　例 3.7 的基本块优化结果

优化后每块的 jump 语句的跳转位置也是块号。最后一行 50=>29 意思是优化前共 50 条四元式，优化后共 29 条四元式，如图 3-17 所示。

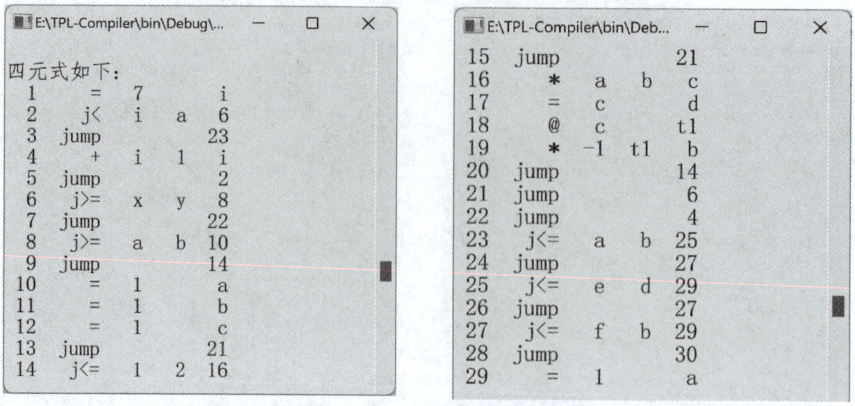

图 3-17 例 3.7 优化后的四元式

jump 后面的跳转位置是四元式编号。

对优化后的块找必经结点，找回边，找循环结果，如图 3-18 所示。

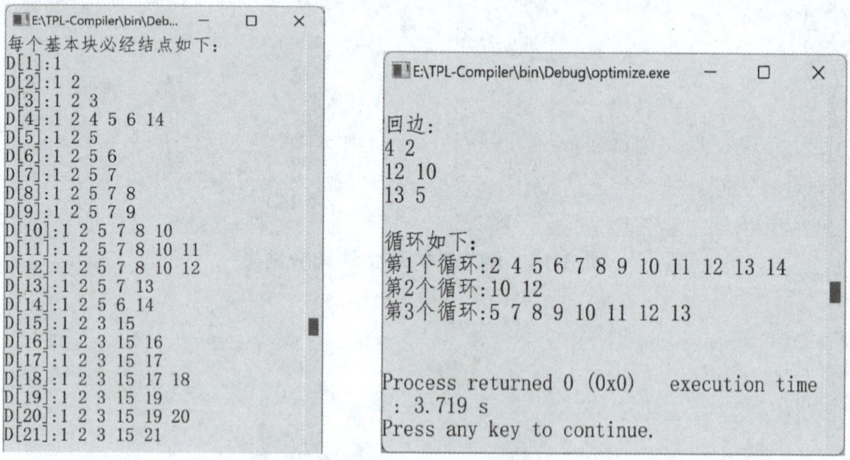

图 3-18 例 3.7 的循环

本例测试了循环嵌套，if 里嵌套循环，以及删除公共子表达式，复写传播。

第 1 块正确，直接计算了常量表达式并赋值给 i。

第 9 块正确，计算了常量表达式并复写传播了三个变量 a、b、c。

第 12 块识别了公共子表达式 a*b 与 b*a 并复写传播了 c 和 d，还完成了常量和变量的变负。

正确找到了三个循环，第一个循环 for 里嵌套了第二个循环 while，再嵌套了第三个循环 while，循环跳转，ifelse 和布尔表达式的跳转均正确。

详细运行结果见文件 output\result6.txt。

第4章
自动生成工具的使用

词法分析器与语法分析器可以采用高级语言编程方式实现，也可以使用自动生成工具实现。本章将介绍词法分析器自动生成工具 Lex 与语法分析器自动生成工具 Yacc。Lex 和 Yacc 是配对工具，适合于解析简单的语言。

4.1 词法分析器自动生成工具的使用

4.1.1 Lex 概述

Lex（lexical analyzar）是一个基于正则表达式的描述来构造词法分析器的工具，已经广泛地用于描述各种语言的词法分析器，也称为 Lex 编译器。Lex 将输入解析为成组的记号 tokens，类似于单词。

1. Lex 的使用方法

Lex 的输入是 Lex 语言编写的源文件，在 Lex 源文件中，要将基于正则表达式的模式说明与词法分析器要完成的动作组织在一起。Lex 的输出是词法分析的 C 语言程序（lex.yy.c），该程序编译后可得到词法分析器的可执行文件。当与解析器 Yacc 联合使用时，解析器程序可以调用自动生成的 yylex() 函数。但是，Lex 也可以单独使用，用于很多需要快速文本处理的应用程序。

Lex 的使用方法如图 4-1 所示。

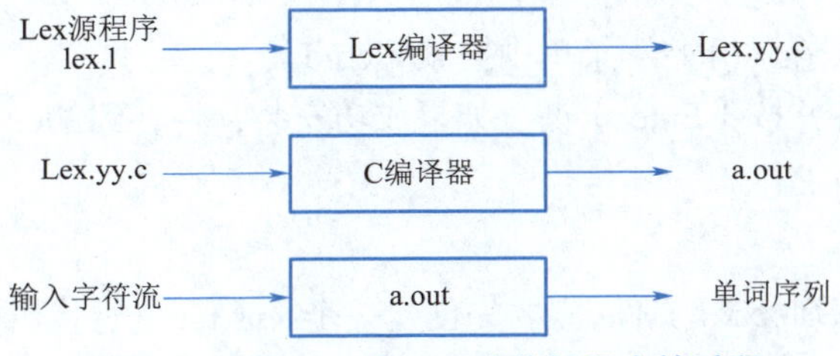

图 4-1 利用 Lex 建立词法分析程序的过程

Lex 有多个不同的版本，目前常用的是 Flex（fast lexical analyzer generator，快速词法分析器），本书也使用这个版本。

2. Flex 下载

① 访问 GnuWin32 项目网站。

② 在列表中找到 “Flex”，单击 Flex，进入下载页面，如图 4-2 所示。

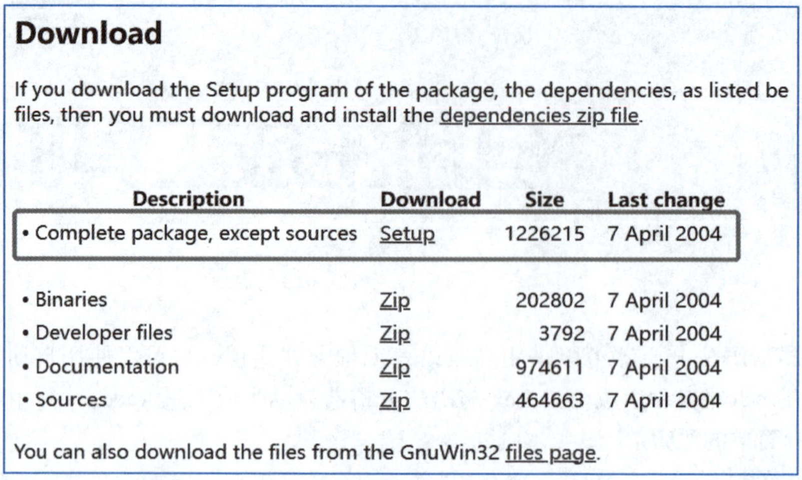

Download

If you download the Setup program of the package, the dependencies, as listed be files, then you must download and install the dependencies zip file.

Description	Download	Size	Last change
• Complete package, except sources	Setup	1226215	7 April 2004
• Binaries	Zip	202802	7 April 2004
• Developer files	Zip	3792	7 April 2004
• Documentation	Zip	974611	7 April 2004
• Sources	Zip	464663	7 April 2004

You can also download the files from the GnuWin32 files page.

图 4-2　下载 Flex 安装包

③ 点击“Complete package, except sources”右侧的setup超链接，保存安装程序到本地计算机上。

注：这里介绍的是 Windows 端的下载方式，其他操作系统如 Linux，可能有所差异，按网站提示下载即可。

3. 安装 Flex

双击运行 Flex 的安装程序，按照提示完成安装。记住安装目录。

4. 设置环境变量

① 右击计算机图标并在弹出的快捷菜单中选择 “属性” 命令。

② 在弹出的窗口中，单击 “高级系统设置” 按钮。

③ 在系统属性对话框中，单击 “环境变量” 按钮。

④ 在 “系统变量” 部分，找到名为 “Path” 的变量，双击打开它。

⑤ 在变量值末尾，添加 Flex 安装目录下 bin 文件夹的路径（flex.exe 在 bin 文件夹中）。

⑥ 单击 “确定” 按钮保存设置。

5. 测试安装是否成功

① 打开命令提示符（在 “开始” 菜单中搜索 “cmd”）。

② 输入 flex --version 并按【Enter】键。如果成功安装，将看到 Flex 的版本信息。

4.1.2　Lex 源文件结构

由于 Lex 编译需要识别 xxx.l 文件，需要先创建一个 xxx.txt 进行代码的编写，然后把 txt 改成 l。一个 Lex 源文件由 “%%” 分隔的三个部分组成，结构如下：

```
[声明部分]
%%
```

```
规则部分
[%%
用户子程序部分 ]
```

其中，声明部分和用户子程序部分是可选的，规则部分必不可少。

如果用户子程序部分为空，则第二个“%%”可以省略。但是即使声明部分为空，第一个“%%”也不能省略，因为要用它来标识第二部分规则部分的开始。

下面简单介绍这三部分的内容和要求。

1. 声明部分

声明部分主要对规则部分用到的文件和变量进行说明，一般包括头文件、符号常量声明、变量声明和正规表达式定义。

正规表达式定义的格式如下：

```
宏名字    正规表达式
```

宏名字可以在后续的正规表达式定义或者第二部分规则部分中被引用。引用要用 {} 括起来。例如：

```
digit   [0-9]
letter   [a-zA-Z]
id    {letter}({digit}|{letter})*
```

其中，用 [ ] 括起来的部分表示一个字符类。

注：正则表达式定义的行不能加注释，否则会导致 Lex 认为注释也是正则表达式定义的一部分。

声明部分除了正规表达式定义之外的声明，必须用 %{ 开头，%} 结束括起来，声明部分内容将被直接粘贴到 Lex 生成的 lex.yy.c 文件中。

2. 规则部分

规则部分是 Lex 源文件的核心，一条规则由两部分组成：

```
正规表达式     { 动作 }
```

正规表达式必须从第一列写起，结束于第一个非转义的空白字符。这一行剩余部分为动作。

动作必须从正规表达式所在行写起，用于执行匹配到正规表达式时所采取的动作，用 { } 括起来的一段 C 语言代码，包括 return 语句，它在 yylex() 被调时返回某个值。每一次调用 yylex() 之后，将会从上一次离开的位置继续处理输入字符流，直到文件结束或执行下一个 return 语句。如果动作部分为空，则匹配该正规表达式的输入字符流就会被直接丢弃。

输入字符流中不与任何规则中的正规表达式匹配的串默认将被照抄到输出文件。如果不希望照抄输出，就要为每一个可能出现的词法单元提供规则。

3. 用户子程序部分

第三部分是动作所需要的辅助程序，主要包括一些 C 语言代码。Lex 将该部分直接粘贴到输出文件 lex.yy.c 的尾部。在这一部分可以定义对正则表达式进行处理的 C 语言函数、main() 函数和 yylex 要调用的函数 yywrap() 函数等。这些函数也可以分别编译，然后在链接时装配在一起。如果要将 Lex 输出作为独立程序来编译，则这一部分必须有 main() 函数。

```
int main()
{
......
yylex();// 这是 Lex 自带的函数，用于执行前面的词法分析部分
......
}
```

4. 正规表达式

正规表达式由以下元字符和正文字符组成。

元字符包括运算符和控制符，详见表 4-1。

表 4-1 Lex 的元字符

元字符	含　义
*	匹配前面正规表达式的 0 个或多个副本
+	匹配前面正规表达式的 1 个或多个副本
?	匹配前面正规表达式的 0 个或 1 个副本
a|b	a 或 b
(ab)+	ab 组合的 1 个或多个副本
"a+b"	文字 a+b
"a"	字符 a
-	用来指定范围。例如：A-Z 指从 A 到 Z 之间的所有字符
[]	匹配括号中的任意字符的字符类
\	用于转义元字符，并且作为通常 C 转义序列的一部分，例如 \n、\r、\s 和 \t 分别是换行、回车、空格和制表符；而 * 是星号
^	以“^”开头的字符串用于匹配行首字符串。也用于方括号中的否定
$	以“$”开头的字符串用于匹配行尾字符串
.	匹配除换行符（"\n"）以外的任何单个字符

例 4.1 正规表达式构成示例。

① [abc] 表示：a、b、c 中的任一个。

② [a-z] 表示：a 到 z 之间的任意一个字符。

③ [A-Za-z0-9] 表示：一个或多个字母数字。

④ [a|b] 表示：a、|、b 中的一个。

⑤ [a^b] 表示：a、^、b 中的一个。

⑥ abc 表示：abc。

⑦ abc* 表示：ab abc abcc abccc...。

⑧ abc+ 表示：abc abcc abccc...。

⑨ ab? 表示：a ab

⑩ a|b 表示：a 和 b 中的一个。

⑪ [a\-b] 表示：a、-、b 中的一个。

⑫ [\t\n]+ 表示：空格。

⑬ [^ab] 表示：除 a 和 b 之外的任意字符。

⑭ ^begin 表示：只有 begin 出现在行首时才能获得匹配。

⑮ $end 表示：只有 end 出现在行尾时才能获得匹配。

⑯ {xxx} 表示：名字 xxx。

⑰ (a) 表示：a 本身。

5. 宏和变量

Lex 预定义了一些宏和变量，其含义见表 4-2。

表 4-2　Lex 预定义宏和变量

名称（预定义宏和变量）	作　用
int yylex(void)	调用词法分析器，返回记号
char *yytext	指向匹配字符串的指针
int yywrap(void)	当使用完输入时，Lex 会调用函数 yywrap()，若完成，返回 1，否则返回 0
yyleng	匹配字符串的长度
yylval	记号的值
FILE *yyin	输入文件，默认是标准输入
FILE *yyout	输出文件，默认是标准输出
ECHO	Lex 默认行为（将 yytext 打印到 yyout）

4.1.3　Lex 源文件设计示例

例 4.2　统计“字母开头，后面有若干字母数字”这样的单词个数。

```
%{
      #include<stdio.h>
          int count=0;
%}
digit [0-9]
letter [A-Za-z]
%%
{letter}({letter}|{digit})*   count++;
. {}
%%
int main()
{     yyin=fopen("first.txt","r");
       if (yyin == NULL) {
             printf( "Error opening input file.\n"); // 错误处理
            return 1;
      }
```

```
17      yyout=fopen("result_count.txt","w");
18      if (yyout == NULL) {
19          printf( "Error opening output file.\n"); // 错误处理
20      return 1;
21      }
22  yylex();
23   fprintf(yyout,"count=%d.\n",count);
24  fclose(yyin);
25  fclose(yyout);
26  return 0;
27  }
28  int yywrap()
29  {
30      return 1;
31  }
```

第 1 行至第 6 行是声明部分，第 8、9 行是规则部分，第 11 行之后是用户子程序部分，这三部分中间用 %% 隔开。

第 1 行至第 4 行都位于 %{ 和 %} 之间，这些行将被直接插入到由 Lex 产生的 C 语言代码中，第 3 行定义了一个全局变量 count，统计题目要求的单词个数。

第 5 行和第 6 行是正规表达式的两个定义，digit 表示 0 ~ 9 之间的任意数字，letter 表示 A ~ Z 或 a ~ z 的任一个字符。

在第 7 行 %% 之后，第 8、9 行描述了两个规则。在第一个规则中，正规表达式为字母开头，后面 0 个或任意个字母数字，对应的动作是 count+1。在第二个规则中，正规表达式是“.”，可以匹配除换行符 \n 之外的任何字符，没有任何动作。

在用户子程序部分中包括了一个 main() 函数和一个 yywrap() 函数。main() 函数打开文件“first.txt”，调用 yylex() 函数统计文件“first.txt”中的单词个数，统计结果写入到文件“result_count.txt”中。当使用完输入时，Lex 会调用 yywrap() 函数，如果完成，则返回 1，如果还需要进一步的处理，则返回 0。因此上面定义了该函数。

假设将上述 Lex 源文件存放到 d:\zjm 中，命名为 count.l，然后打开命令提示符（在“开始”菜单中搜索“cmd”），使用 Flex 版本编译运行 count.l 的过程如图 4-3 右侧所示。运行后得到的结果文件如图 4-3 左侧所示。

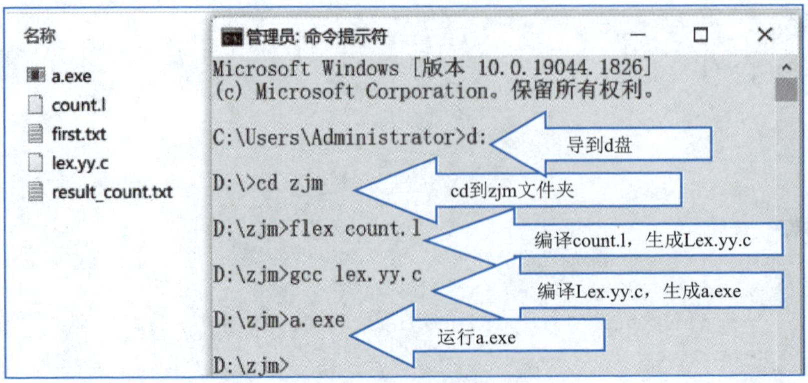

图 4-3　Lex 编译过程

其中，gcc 是 C 程序编译器，可以从网上下载安装；也可以使用 CodeBlocks 软件中的 gcc，需要设置环境变量，过程与 Flex 类似，即右击计算机图标，并在弹出的快捷菜单中选择“属性”。在弹出的窗口中，单击“高级系统设置”选项，在“系统变量”部分，找到名为“Path”的变量，增加 gcc.exe 所在的路径，gcc.exe 所在的位置是 CodeBlocks 安装目录下的 \CodeBlocks\MinGW\bin 位置。也可以使用其他软件的 gcc 编译器。

假设 first.txt 文件内容为：

```
first1
second2
third3
```

得到的 result_count.txt 文件内容为：

```
count=3.
```

4.2　语法分析器自动生成工具的使用

4.2.1　Yacc 概述

Yacc（yet another compiler-compiler）是 20 世纪 70 年代由 Johnson 等人研制开发的基于 LALR(1) 语法分析器的自动生成工具。Yacc 接收成组的记号 tokens，并将它们组装为高层次的结构，类似于句子。目前，Yacc 得到了广泛应用，借助它实现了数百个编译器。

1. Yacc 的使用方法

用 Yacc 构造语法分析器方式简单。首先用户按一定的规则编写一个 Yacc 源文件（假设该文件为 parse.y），使用 Yacc 编译器，将文件 parse.y 翻译为 parse.tab.c 的 C 程序，parse.tab.c 中至少应该包含语法分析程序 yyparse() 以及 LALR 分析表，以及基于这一分析过程的语法制导的语义计算。然后再用 C 编译器对 filename.tab.c 进行编译，得到目标程序，运行目标程序，完成语法分析。

Yacc 的使用方法如图 4-4 所示。

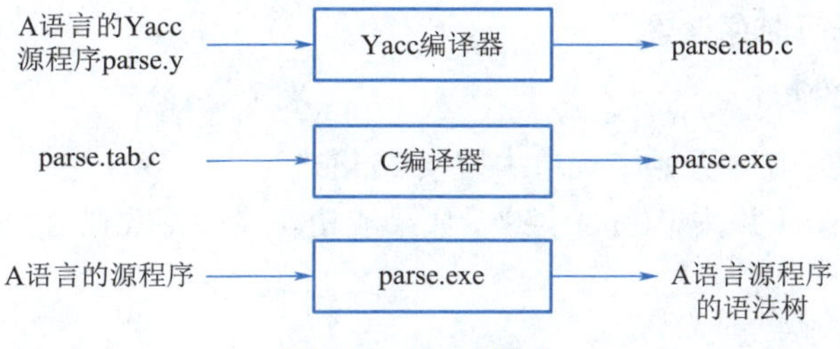

图 4-4　Yacc 简介

Yacc 有许多版本，如自由软件基金会的 GNU 工程组发布的 Bison，即 Yacc 的替代品。Yacc 与 Bison 一般是兼容的，本书使用 Bison。Bison 下载安装与 Flex 类似。

2. Bison 下载

① 访问 GnuWin32 项目网站。

② 在列表中找到 Bison 并单击，进入下载页面，如图 4-5 所示。

Download

If you download the Setup program of the package, any requirements for running applications, such as dynamic link libraries (DLL's) from the dependencies as listed below under Requirements, are already included. If you download the package as Zip files, then you must download and install the dependencies zip file yourself. Developer files (header files and libraries) from other packages are however not included; so if you wish to develop your own applications, you must separately install the required packages.

Description	Download	Size	Last change	Md5sum
• Complete package, except sources	Setup	3840350	4 May 2009	d24ed4f8a3b156899db96079fb869cbf
• Sources	Setup	2295427	4 May 2009	3eae2c3525626ad803684b02749937e7
• Binaries	Zip	963729	4 May 2009	9d3ccf30fc00ba5e18176c33f45aee0e
• Developer files	Zip	2611	4 May 2009	c75406456f8d6584746769b1b4b828d6
• Documentation	Zip	2444742	4 May 2009	634e8b623c84ea52e6dd1501cc517efc
• Sources	Zip	3796772	4 May 2009	0037bd77c4eac708208e7e2ebe500448
• Dependencies	Zip	834116	14 March 2008	6558e5f418483b7c859643686008f475
• Original source	http://ftp.gnu.org/gnu/bison/bison-2.4.1.tar.gz			

You can also download the files from the GnuWin32 files page. New releases of the port of this package can be monitored.

图 4-5　下载 Bison 安装包

③ 单击“Complete package, except sources”右侧的 setup 超链接，保存安装程序到本地计算机上。

注：这里是 Windows 端的下载方式，其他操作系统如 linux，可能有所差异，按网站提示下载。

3. 安装 Bison

双击运行 Bison 的安装程序，按照提示完成安装。记住安装目录。

4. 设置环境变量

① 右击计算机图标，并在弹出的快捷菜单中选择“属性”。

② 在弹出的窗口中，单击“高级系统设置”按钮。

③ 在系统属性对话框中，单击“环境变量”按钮。

④ 在“系统变量”部分，找到名为“Path”的变量，双击打开它。

⑤ 在变量值的末尾，添加 Bison 的安装目录下的 bin 文件夹的路径（Bison.exe 在 bin 文件夹中）。

⑥ 单击“确定”按钮保存设置。

5. 测试安装是否成功

① 打开命令提示符（在“开始”菜单中搜索“cmd”）。

② 输入 Bison --version 并按【Enter】键。如果成功安装，将看到 Bison 的版本信息。

4.2.2　Yacc 源文件格式

Yacc 文法说明文件，顾名思义，就是将一个语言的文法说清楚。方便起见，简称为 Yacc 源文件。在 Yacc 源文件，可以分为三部分，以符号 %% 分开：

```
[ 第一部分：定义部分 ]
%%
第二部分：规则部分
[%%
第三部分：用 C 语言编写的用户函数部分 ]
```

其中，第一部分及第三部分和第三部分之上的 %% 都可以省略（即上述方括号括起的部分可以省略）。下面将详细介绍这三部分的内容和要求。

1. 定义部分

定义部分通常包括两部分内容。

第一部分是 C 语言代码部分，用 %{ 和 %} 括起来，里面为以 C 语法写的一些定义和声明。例如：

```
%{
头文件表
宏定义
数据类型定义
全局变量定义
函数声明
%}
```

Yacc 直接把这部分定义抄到所生成的 C 语言程序。

第二部分主要是对文法的终结符和非终结符做一些相关声明。这些声明主要包括：

- 文法开始符号定义。
- 语义值类型定义。
- 终结符定义。
- 非终结符定义。
- 优先级和结合性定义。

（1）文法开始符号定义

%start 指定文法的开始符号（非终结符），定义形式为 %start startsym，其中 startsym 为文法的开始符号。如果不使用 %start 定义文法开始符号，则默认在第二部分规则段中定义的第一条产生式规则的左部非终结符为开始符号。

（2）语义值类型定义

Yacc 生成的语法分析程序 yyparse() 用的是 LR 分析方法，它在作语法分析时除了有一个状态栈外，还有一个语义值栈。

语义值栈存放它所分析到的非终结符和终结符的语义值，这些语义值有的是从词法分析程序传回的，有的是在语义动作中赋予的。

如果没有对语义值的类型做定义，那么 Yacc 认为它是整型（int）的，即所有语法符号如果赋与了语义值，则必须是整型的，否则会出类型错误。

但是用户经常会希望语义值的类型比较复杂，如双精度浮点数、字符串或树结点的指针。这时就可以用语义值类型定义进行说明。因为不同的语法符号的语义值类型可能不同，所以语义值类型说明就是将语义值的类型定义为一个联合（union），这个联合包括所有可能用到的类型（各自对应一个成员名)。

为了使用户不必在存取语义值时每次都指出成员名，在语义值类型定义部分还要求用户说明每一个语法符号(终结符和非终结符)的语义值是哪一个联合成员类型。

例如：

```
% union{
int ival
double dval
INTERVAL vval;
}
```

引用时候的方式如下：

```
%token <ival> DREG VREG
%token <dval> CONST
%type <dval> dexp
%type <vval> vexp
```

以 %token 开始的行定义的是终结符的类型。

以 %type 开始的行定义的是非终结符的类型。

(3)终结符定义

在 Yacc 源文件语法规则部分出现的所有终结符(正文字符“+”“-”等除外)等必须用 %token 定义，定义形式如下：

单一数据类型：

```
%token 终结符 1 终结符 2...
```

多数据类型：

```
%token <类型名> 终结符 1 终结符 2...
```

终结符一般全大写。

例如，%token NUMBER ID 定义了两个终结符，表示单词种别 NUMBER 和单词种别 ID。

(4)非终结符定义

```
%type  <类型名> 非终结符 1 非终结符 2...
```

其中，<类型名>可由 %union 声明。默认情形下，非终结符对应的语义值类型为整型。

(5)优先级和结合性定义

%left、%right、%nonassoc 也是定义文法中使用的终结符，定义形式与 %token 类似。

- %left：左结合。
- %right：右结合。
- %nonassoc：无结合性。

对于运算符分好几行描述的情形，后面行中的运算符具有比前面行中的运算符更高的优先级。

当然，同一行中的运算符具有相同的优先级。

例如：

```
%left PLUS MINUS
%right NOT
```

本例中，运算符 PLUS 和 MINUS 具有相同的优先级，低于 NOT 的优先级。

2. 规则部分

语法规则部分是整个 Yacc 源文件的主体，它是由一组产生式及相应的语义动作组成。

规则部分包括修改的 BNF 格式的文法规则，以及将在识别出相关的文法规则时被执行的 C 代码中的动作 [即根据 LALR（1）分析算法，在归约中使用]。

文法规则中使用的元符号惯例如下：

通常，竖线“|”被用作替换（也可以分别写出替换项），而用来分隔文法规则的左右两边的箭头符号“→”，在 Yacc 中用冒号表示。整组产生式写完后，结尾处应加分号“;”，分号表示同一左部的一组产生式结束。

规则中的每个文法符号以及语义动作本身都可以有自己对应的语义值。终结符（对应单词符号）的语义值由词法分析程序给出，并保存在 yylval 中。非终结符的语义值在语义动作中获得。

对文法中的产生式：

```
A→候选 1| 候选 2|...| 候选 n
```

在 Yacc 程序中可表示成：

```
A: 候选 1          { 语义动作 1}
     | 候选 2          { 语义动作 2}
    ……
     | 候选 n          { 语义动作 n}
;
```

每一行产生式后面大括号括起的语义动作表示该条产生式归约时应该执行的操作，语义动作使用 C 语言的语法来写，它们将会被直接复制 Yacc 编译器生成的 C 语言源文件中。

在书写动作时，可以使用 Yacc 伪变量。当识别一个文法规则时，规则中的每个符号都拥有一个值，除非它被参数改变了。

这些值由 Yacc 保存在一个与分析栈保持平行的值栈（value stack）中，每个在栈中的符号值都可以使用以 $ 开始的伪变量来引用。

$$ 代表刚才被识别出来的非终结符的值，也就是文法规则左边的符号。伪变量 $1、$2、$3 等代表了文法规则右边的每个连续的符号。

例如，文法规则和动作：

```
exp:exp'+'term{$$=$1+$3;}
```

含义：当识别规则 exp → exp+term 时，左边 exp 值为右边的 exp 的值与右边的 term 的值之和，

其中 $$ 代表规则左部符号 exp 的值，$1 代表规则右部第一个符号 exp 的值，$3 表示规则右部第三个符号 term 的值。

以 % 开头的符号和关键字，或者是规则段的各个规则一般顶着行首来写，前面没有空格。

3. 用户函数部分

用户函数部分用 C 语言语法来写，一般包括如下一些函数：主函数 main()、词法分析函数 yylex()、出错处理函数 yyerror()，以及在规则部分中用到或者在语法分析器的其他部分用到的函数。这一部分一般会被直接复制到 Yacc 编译器产生的 C 语言源文件中。

Yacc 编译器在编译完 Yacc 源文件后，将输出一个 C 程序文件，该文件包含名为 yyparse() 的语法分析程序。

main 是主程序，主程序的主要作用是调用 yyparse() 函数（至少应有一条调用 yyparse() 的语句）。语法分析成功结束时，yyparse() 返回 0，而发现错误时，则返回 1，并且调用 yyerror() 函数输出错误信息。yyerror 是错误报告函数。如果用户函数部分不包含 yyerror() 和 main() 函数，也可以通过链接将例程库中标准的 yyerror 和 main 链接进来，链接方法是在链接命令尾端加 -ly 参数。

int yylex() 是词法分析程序。Yacc 规定，语法分析程序 yyparse() 运行时需要调用 yylex() 获取单词，每调用一次，yylex() 就从源文件中识别出一个单词，并以二元组（记号，属性值）的形式分别通过 return 语句和 Yacc 全局变量 yylval 回送给 yyparse()，返回的记号必须在 Yacc 定义部分由 %token 等定义的终结符名。因此，Yacc 源文件还包括了 yylex() 的定义。如果不使用 Lex 生成这个函数，则必须用 C 语言写这个程序。

为了联合使用 Lex 和 Yacc，在运行 Yacc 源文件时，需加选项 -d，以产生 y.tab.h，文件 y.tab.h 中包含了在 Yacc 源文件中的所有单词种别（由 %token 定义）。将文件 y.tab.h 包含在 Lex 源文件中。

例如，一个单词种别是 INTEGER，那么 Lex 源文件的一种可能是：

```
%{
#include <stdio.h>
#include ” y.tab.h”
  extern int yylval;
%}
digit [0-9]
%%
{digit}({digit})+  { yylval=atoi(yytext);  return INTEGER; }
.{}
%%
```

联合使用 Lex 和 Yacc 生成编译程序过程如图 4-6 所示。

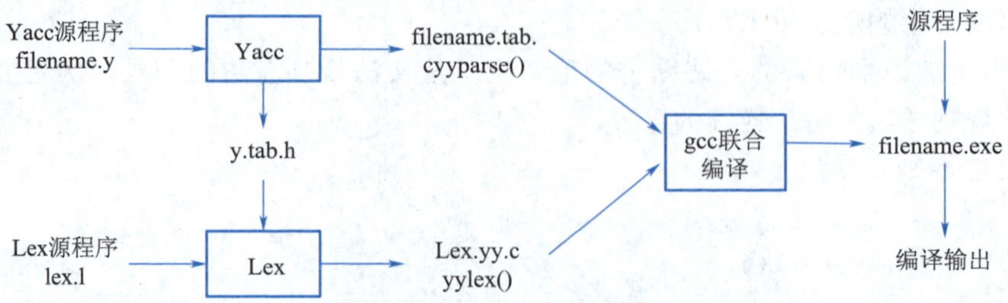

图 4-6　用 Lex 和 Yacc 联合编译程序

Yacc 中的注释：在 Yacc 源文件中，凡是可以使用 C 语法写的部分，都可以用 C 语言的注释“/**/”和“//”，其他部分的注释可以用“/**/”，要注意的是，“/*”之前必须有先导空格，不能顶着行首来写。

4.2.3　Flex&Bison 联合编译示例

使用 Flex 和 Bison 来编译一个简单的计算器程序，判断计算表达式语法是否正确。下面是该算法表达式的文法。

```
E → T
E → E+T
E → E-T
T → F
T → T*F
T → T/F
F → num
F → var
```

1. Flex文件（lexer.l）

首先，创建一个名为 lexer.l 的 Flex 文件，用于定义词法分析器。在这个文件中，定义识别数字和运算符的规则。

```
%{
#include <stdio.h>
#include "parser.tab.h"
void yyerror(char *);
%}
NUM [1-9]+[0-9]*|0
%%
{NUM}        return NUM; /* 识别正整数 */
"+"          return ADD; /* 识别加号 */
"-"          return SUB; /* 识别减号 */
"*"          return MUL; /* 识别乘号 */
"/"          return DIV; /* 识别除号 */
[a-zA-Z_$]+[a-zA-Z_$0-9]*             return VAR; /* 识别变量 */
\n|\r           return EOL; /* 识别换行符 */
[ \t]+           ; /* 跳过空白符 */
.
%%
```

2. Bison文件（parser.y）

创建一个名为 parser.y 的 Bison 文件，用于定义语法分析器。在这个文件中，定义如何解析表达式。

```
%{
#include <stdio.h>
```

```
#include <string.h>
int yylex(void);
void yyerror(char *);
%}
%token NUM ADD SUB MUL DIV VAR EOL
%%
line_list: line
| line_list line  // 一系列语句列表
;
line : expression EOL  {printf("YES,the syntax is correct\n");}
// 成功识别表达式后加换行符，打印 "YES"
// 换行符意味着可以接着输入下一行表达式
;
expression: term    // 表达式
| expression ADD term  // 加法表达式
| expression SUB term  // 减法表达式
;
term: single  // 单项
| term MUL single  // 乘法表达式
| term DIV single  // 除法表达式
;
single: NUM  // 正整数
| VAR  // 变量
;
%%
void yyerror(char *str){
    fprintf(stderr, "Error: Syntax error\n");
}
int yywrap(){
    return 1;
}
int main()
{
    yyparse();
}
```

3. 编译和运行

假设将上述 Lex 源文件和 Yacc 源文件存放到 d:\zjm1 中。编译运行如图 4-7 所示。

① 进入命令提示符，然后导到 d 盘 zjm1 文件夹。

② 使用 Flex 编译 lexer.l 文件：flex lexer.l，生成 lex.yy.c。

③ 使用 Bison 编译 parser.y 文件：bison -d parser.y 生成 parser.tab.h 和 parser.tab.c。

④ 编译生成的文件：gcc lex.yy.c parser.tab.c -o cc.exe 生成 cc.exe。

⑤ 运行分析器：cc.exe。

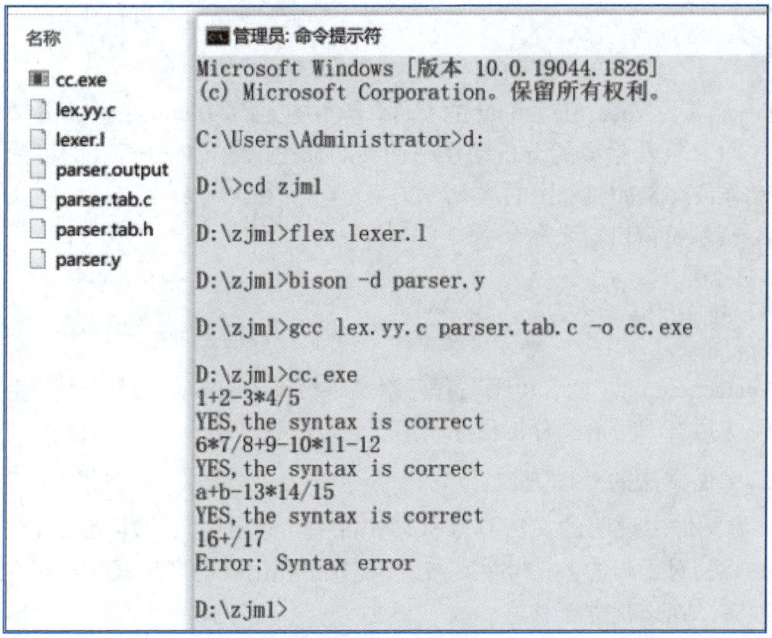

图 4-7　Flex&Bison 联合编译案例

4. 示例输入和输出

在终端输入算术表达式并按【Enter】键。程序会进行判定并输出结果。

```
1+2-3*4/5
YES,the syntax is correct
6*7/8+9-10*11-12
YES,the syntax is correct
a+b-13*14/15
YES,the syntax is correct
16+/17
Error: Syntax error
```

这是一个十分简单的使用 Flex 和 Bison 创建运算式分析器的示例，读者也可自行添加词法规则和生成式来进行功能扩充。

在上例中，为了联用 Flex 和 Bison，需要在运行 Bsion 程序时加选项 -d，以产生文件 parser.tab.h，其中会包含在 Bison 源文件中（由 %token 定义）的所有单词种别。文件 parser.tab.h 将被包含在 Flex 源文件中。yylex() 会返回当前单词符号的单词种别，并将单词的值存入全局变量 yylval。

5. Bison 生成 LALR 语法分析表

通过 Yacc 源文件，可以生成 LALR 分析表。Bison 工具会根据 Yacc 文件中定义的语法规则和动作来生成 LALR 分析表。生成 LALR 分析表的过程通常是自动进行的，只需要在命令行中运行 Bison 工具并指定相应的选项，Bison 就会自动生成 LALR 分析表文件。

输出 Yacc 文件的状态表，可以使用 Bison 工具的 -v 选项来生成状态报告文件。具体命令如下（注意，要加 -v 参数）：

```
bison -v your_file.y
```

这将会生成一个名为 your_file.output 的文件，其中包含了 Bison 在生成语法分析器时发现的项目集的核、由 LALR 算法生成的分析动作中冲突的描述以及 LR 分析表的可读表示，该可读表示将显示出分析动作冲突是如何解决的。

比如，在命令提示符窗口输入命令：

```
D:\zjm1>bison -v parser.y
```

将生成文件 parser.output。读者可编写程序对文件 parser.output 进行处理，生成表格样式的分析表，然后使用高级语言编写语义分析程序。

6. Yacc 对二义性文法的处理方法

如果在 Yacc 源文件中说明的文法有分析动作冲突（移进 - 归约冲突或者归约 - 归约冲突），则 Yacc 默认解决方法：对于归约 - 归约冲突，Yacc 优先于先出现的产生式（即写在前面的产生式）；对于移进 - 归约冲突，Yacc 优先于移进。

由于这两条默认规则并不总能满足用户的需要。Yacc 还提供了解决移进 - 归约冲突的一般方法，即在 Yacc 源文件中通过 %left、%right 等定义终结符的优先级和结合性，用优先级和结合性解决分析动作的冲突。当定义了终结符的优先级和结合性后，Yacc 解决分析动作冲突的方式为：当移进终结符 a 和归约产生式 $A \to \alpha$ 相冲突时，若产生式 $A \to \alpha$ 的优先级高于 a，或者两者优先级相同但产生式左结合时，则按 $A \to \alpha$ 归约，否则移进 a。产生式的优先级和结合性与产生式右部最右面的终结符（注意，非终结符不用考虑）的优先级和结合性相同。可以用 %prec 强制定义产生式的优先级和结合性。例如，下面规则中：

```
%left PLUS MINUS
%left STAR DIV
%right UMINUS
expr : expr MINUS expr              {$$ = $1 - $3;}
     | MINUS expr %prec UMINUS {$$ = -$1;}
     ;
```

第一个产生式右部为 expr MINUS expr，该产生式的优先级与结合性跟终结符 MINUS 相同（因为 MINUS 是该产生式右部最右边的终结符）；而第二个产生式右部为 MINUS expr，该产生式的优先级与结合性本应与 MINUS 相同，但由于用 %prec UMINUS 强制定义了其优先级与结合性跟 UMINUS 相同，所以，第二个产生式的优先级和结合性应与 UMINUS 相同。

注意：Yacc 不会报告用优先级和结合规则已经解决了冲突。该终结符可以只是一个占位符。上例中的 UMINUS，它不是由词法分析器返回的，只是用来决定 expr : MINUS expr 的优先级。

根据上例的定义，UMINUS 是右结合的，而且优先级高于所有的运算符。因此，规则部分产生式 expr : MINUS expr 的标记 %prec UMINUS 就使得该产生式的优先级高于任何其他运算符。

类似的技术也用于消除 ifelse 结构中的二义性。

现代程序语言通常把 ELSE 和最近的未配对 IF 配对。Yacc 的默认行为，当遇到“移进 - 归约”

冲突时，默认行为是“移进”。尽管 Yacc 的动作是正确的，它仍然会显示一个“移进 - 归约”冲突警告。为了阻止警告信息，可以给 IF ELSE 结构定义比单独的 IF 更高的优先权：

```
%nonassoc IFX
%nonassoc ELSE
stmt:
IF expr stmt %prec IFX
| IF expr stmt ELSE stmt
```

%nonassoc 意味着没有依赖关系。它经常在连接词中和 %prec 一起使用，用于指定一个规则的优先级。

7. Yacc 中的出错处理方法

一个优秀的编译器应当给用户提供有意义的错误信息。例如，下面的信息没有传达多少有意义的信息：

```
syntax error
```

如果在 Lex 中跟踪行号，那么至少可以给用户提供出错的行号：

```
void yyerror(char *s) {
     fprintf(stderr, "line %d: %s\n", yylineno, s);
}
```

当 Yacc 发现一个解析错误，默认动作是调用 yyerror，然后从 yylex 中返回一个值或 1。下面是更合理的动作，把输入流刷新为一个分隔符，然后继续扫描：

```
stmt:
';'
| expr ';'
| PRINT expr ';'
| VARIABLE '=' expr ';
| WHILE '(' expr ')' stmt
| IF '(' expr ')' stmt %prec IFX
| IF '(' expr ')' stmt ELSE stmt
| '{' stmt_list '}'
| error ';'
| error '}'
;
```

这里的 error 标志表示，当 Yacc 发现错误时，它调用 yyerror()，之后是输入流往前到 “;” 或 “}”，然后继续扫描。

因为 C 语言若是简单的语句就以 “;” 结束，若是复合语句就以 “}” 结束。所以这两条 error 规则可以告诉语法分析程序在 “;” 或 “}” 之后应该开始寻找下一条语句。

第 5 章 自动生成工具实现 TPL 语言编译器示例

本章采用自动生成工具 Flex 和 Bison 实现第 2 章 2.2 节 ~2.3 节的实验内容，设计并实现了一个小型 TPL 语言编译器，包括词法分析程序和语法分析程序。首先，按照 2.2 节词法分析设计任务，5.1 节分析并编写了词法分析器源文件，给出了测试用例；然后，按照 2.3 节语法分析设计任务，5.2 节设计了 Yacc 源文件的语法规则，编写了语法分析器源文件，给出了测试用例；最后，5.3 节给出了编译器功能扩充提示。

5.1 词法分析器设计与实现

5.1.1 设计思路

按照 2.2 节词法分析设计任务要求，设计实现词法分析器。功能包括：TPL 语言源程序的单词识别、保存与输出，删除空白符（空格、回车符和制表符），若源程序有错误，则定位错误，并指出错误原因。单词种类划分为五类：保留字（关键字）、运算符、数字序列（整数和浮点数）、变量（自定义标识符）、其他界符。

根据词法分析器功能，设计项目文件如下：

① 词法分析源文件 lex.l。

② 文件 simple_example.txt（简单测试用例）。

③ 文件 complex_example.txt（复杂测试用例）。

④ 文件 error_example.txt（有错误单词测试用例）。

5.1.2 词法分析器源文件

按照 4.1 节的词法分析工具讲解和 5.1.1 节的设计思路，编写词法分析源文件 lex.l，文件内容如下：

```
%{
#include <stdio.h>
#include <stdlib.h>
#include <string.h>
int line = 1;
#define MAX_LENGTH 100
#define MAX_TOKENS 100
typedef struct {
    char token[MAX_LENGTH];
    char type[MAX_LENGTH];
} Token;
Token tokens[MAX_TOKENS];
int token_count = 0; // Counter to keep track of tokens
%}
LETTER [a-z A-Z]
DIGIT [0-9]
ID {LETTER}({LETTER}|{DIGIT})*
%%
\n { ++line; }
void|int|float|if|else|do|while|true|false|for|main {
   strcpy(tokens[token_count].token, yytext);
   strcpy(tokens[token_count].type, "keyword");
    token_count++;
}
{ID} {
    strcpy(tokens[token_count].token, yytext);
    strcpy(tokens[token_count].type, "identifier");
    token_count++;
}
[+\-*/<>=!]= {
    strcpy(tokens[token_count].token, yytext);
    strcpy(tokens[token_count].type, "operator");
    token_count++;
}
[;{},()] {
    strcpy(tokens[token_count].token, yytext);
    strcpy(tokens[token_count].type, "delimiter");
    token_count++;
}
[0-9]+ {
    if (strlen(yytext) <= 8) {
        strcpy(tokens[token_count].token, yytext);
        strcpy(tokens[token_count].type, "integer");
        token_count++;
    } else {
        printf("line %d: (error: integer length exceeded)\n", line);
    }
}
[0-9]+"."[0-9]+ {
    if (strlen(yytext) <= 8) {
```

```
51            strcpy(tokens[token_count].token, yytext);
52            strcpy(tokens[token_count].type, "float");
53            token_count++;
54        } else {
55            printf("line %d: (error: float length exceeded)\n", line);
56        }
57 }
58 . {}
59 %%
60 int main(int argc, char *argv[]) {
61     if (argc != 3) {
62         printf("Usage: %s <input_file> <output_file>\n", argv[0]);
63         return 1;
64     }
65    FILE *file = fopen(argv[1], "r");
66    if (file == NULL) {
67         fprintf(stderr, "Error opening input file.\n");
68         return 1;
69     }
70     yyin = file;
71     yylex();
72     fclose(file);
73     FILE *output_file = fopen(argv[2], "w");
74     if (output_file == NULL) {
75         fprintf(stderr, "Error opening output file.\n");
76         return 1;
77     }
78     for (int i = 0; i < token_count; i++) {
79         printf("(%s, %s)\n",tokens[i].type, tokens[i].token);
80         fprintf(output_file, "(%s, %s)\n", tokens[i].type, tokens[i].token);
81     }
82     fclose(output_file);
83     return 0;
84 }
85 int yywrap() {
86     return 1;
87 }
```

第 1 行至第 17 行是声明部分，第 19 行至第 58 行是规则部分，第 59 行之后是用户子程序部分，这三部分中间用 %% 隔开。

第 2 行至第 13 行都位于 %{ 和 %} 之间，这些行将被直接插入到由 Lex 产生的 C 语言代码中。第 5 行定义了一个全局变量 line，记录单词所在的行号。第 6 行定义了常量 MAX_LENGTH，规定所识别的单词的最大长度。第 7 行定义了常量 MAX_TOKENS，规定所识别的单词的最大数量。第 8 行至第 11 行定义了结构体类型 Token，成员 token 存储识别的单词，成员 type 存储识别的单词种类。第 12 行定义了数组 tokens，存储识别出的每个单词。第 13 行定义了全局变量 token_count，存储识别出的单词数量。

第 15 行至第 17 行是正规表达式的三个定义，LETTER 表示 A~Z 或 a~z 的任一个字符，

DIGIT 表示 0~9 之间的任意数字，ID 表示字母开头，后面有若干字母数字的标识符。

在第 18 行 %% 之后，描述了若干个规则。第 19 行规则中，正规表达式为换行符 \n，对应的动作是行号 line+1。第 20 行至第 24 行规则中，正规表达式为 void| int| float| if| else| do| while| true| false| for| main ，对应的动作是将单词值和单词种类“keyword”存储到数组 tokens 中，单词数量 token_count+1。第 25 行至第 29 行规则中，正规表达式为标识符 ID，对应的动作是将单词值和单词种类“identifier”存储到数组 tokens 中，单词数量 token_count+1。第 30 行至第 34 行规则中，正规表达式为运算符 [+\-*/<>=!]=，对应的动作是将单词值和单词种类“operator”存储到数组 tokens 中，单词数量 token_count+1。第 35 行至第 39 行规则中，正规表达式为分界符 [;{},()]，对应的动作是将单词值和单词种类“delimiter”存储到数组 tokens 中，单词数量 token_count+1。第 40 行至第 48 行规则中，正规表达式为整数类型，对应的动作是将单词值和单词种类“integer”存储到数组 tokens 中，单词数量 token_count+1，如果单词长度超过 8，则给出错误提示。第 49 行至第 57 行规则中，正规表达式为浮点数，对应的动作是将单词值和单词种类“float”存储到数组 tokens 中，单词数量 token_count+1，如果单词长度超过 8，则给出错误提示。第 58 行规则，正规表达式是“.”，可以匹配除换行符 \n 之外的任何字符，没有任何动作。

在用户子程序部分中包括了一个 main() 函数和一个 yywrap() 函数。main() 函数打开在命令行输入的文件，调用 yylex() 函数识别输入文件的单词，存储到数组 tokens。第 79 行将数组 tokens 中的单词值和种类输出到屏幕；第 80 行则将数组 tokens 中的内容写入到文件中。当使用完输入时，Lex 会调用 yywrap() 函数，如果完成，则返回 1，如果还需要进一步地处理，则返回 0。因此上面定义了该函数。

5.1.3　测试用例

1. 准备工作

假设将文件 lex.l 存放在 D:\zjm2_lex，使用 Flex 工具编译，如图 5-1 所示。

① 进入命令提示符，然后导到 d 盘 \zjm2_lex 文件夹。

② 使用 Flex 编译 lex.l 文件：flex lex.l，生成 lex.yy.c。

③ 编译生成的文件：gcc lex.yy.c -o lex.exe，生成 lex.exe。

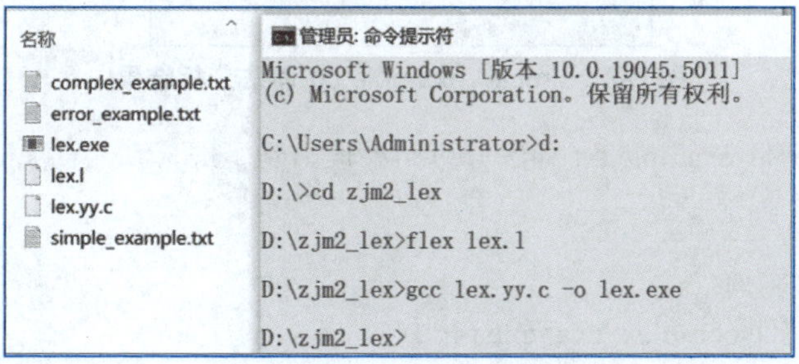

图 5-1　编译 lex.l 文件

④ 运行文件 lex.exe 编译 TPL 语言源文件。

2. 简单测试

例 5.1　简单测试实例。

输入源程序（源文件在 simple_example.txt 中）：

```
void main() {
    int x = 10;
    if (x < 20) {
        x = x + 1;
    }
}
```

输入命令：

```
lex.exe  simple_example.txt  simple_result.txt
```

运行结果如图 5-2 所示。

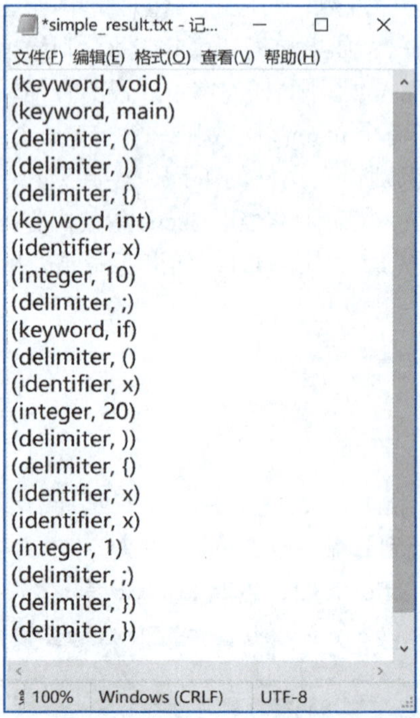

(keyword, void)
(keyword, main)
(delimiter, ()
(delimiter,))
(delimiter, {)
(keyword, int)
(identifier, x)
(integer, 10)
(delimiter, ;)
(keyword, if)
(delimiter, ()
(identifier, x)
(integer, 20)
(delimiter,))
(delimiter, {)
(identifier, x)
(identifier, x)
(integer, 1)
(delimiter, ;)
(delimiter, })
(delimiter, })

图 5-2 simple_example.txt 词法分析结果

简单测试用例 simple_example.txt 词法分析结果输出到了屏幕和文件 simple_result.txt 中。

3. 复杂测试

例 5.2 复杂测试实例。

输入源程序（源文件 complex_example.txt 中）：

```
void main() {
    int x = 0;
    float y = 1.5;
    while (x < 5) {
        if (y > 0) {
            x = x + 1;
```

```
            } else {
                y = y - 0.5;
            }
        }
}
```

输入命令：

```
lex.exe  complex_example.txt  complex_result.txt
```

运行结果如图 5-3 所示。

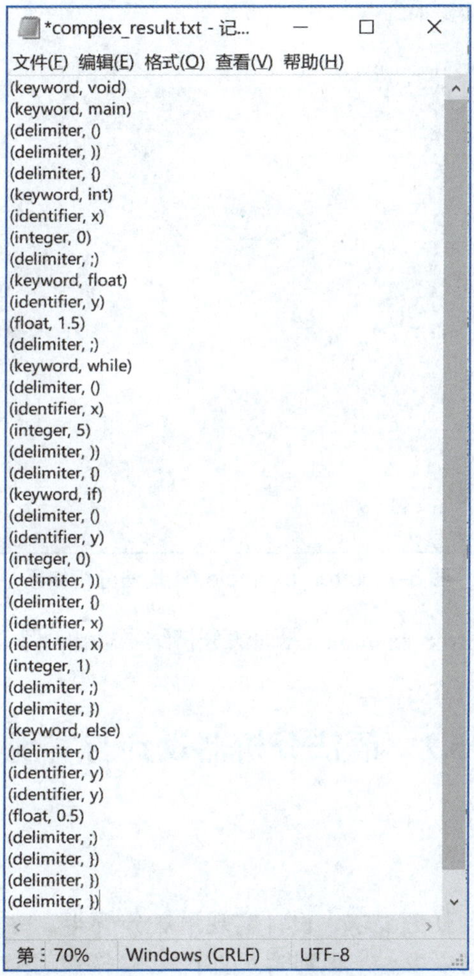
*complex_result.txt - 记...
文件(F) 编辑(E) 格式(O) 查看(V) 帮助(H)
(keyword, void)
(keyword, main)
(delimiter, ()
(delimiter,))
(delimiter, {)
(keyword, int)
(identifier, x)
(integer, 0)
(delimiter, ;)
(keyword, float)
(identifier, y)
(float, 1.5)
(delimiter, ;)
(keyword, while)
(delimiter, ()
(identifier, x)
(integer, 5)
(delimiter,))
(delimiter, {)
(keyword, if)
(delimiter, ()
(identifier, y)
(integer, 0)
(delimiter,))
(delimiter, {)
(identifier, x)
(identifier, x)
(integer, 1)
(delimiter, ;)
(delimiter, })
(keyword, else)
(delimiter, {)
(identifier, y)
(identifier, y)
(float, 0.5)
(delimiter, ;)
(delimiter, })
(delimiter, })
(delimiter, })
第：70%　Windows (CRLF)　UTF-8

图 5-3　complex_example.txt 词法分析结果

复杂测试用例 complex_example.txt 词法分析结果输出到了屏幕和文件 complex_result.txt 中。

4. 有错误单词测试

例 5.3 有错误单词测试实例。

输入源程序（源文件 error_example.txt 中）：

```
void main() {
    int too_long_integer = 123456789; // 整数长度超过 8
    float too_long_float = 3.1415926535; // 浮点数长度超过 8
}
```

输入命令：

```
lex.exe  error_example.txt  error_result.txt
```

运行结果如图 5-4 所示。

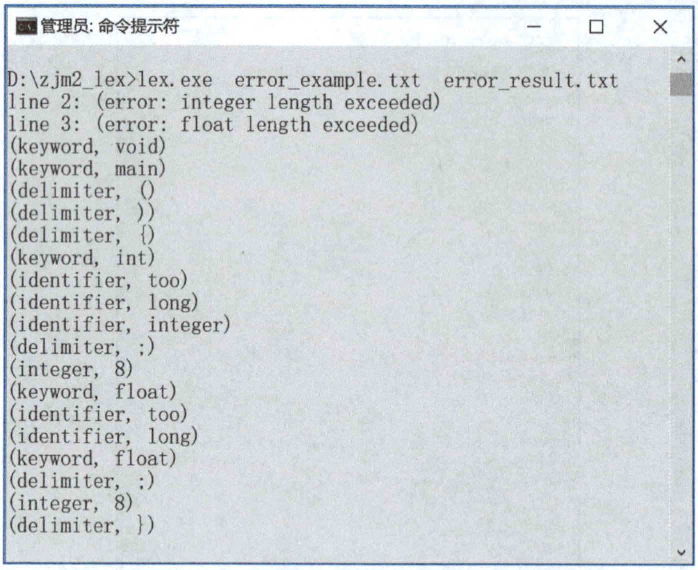

图 5-4 error_example.txt 词法分析结果

有错误单词的测试用例 error_example.txt 词法分析结果输出到了屏幕和文件 error_result.txt 中。

5.2 语法分析器设计与实现

5.2.1 设计思路

按照 2.3 节语法分析设计任务要求，设计实现语法分析器。功能包括：与词法分析器结合，能够根据 TPL 语言的上下文无关文法，识别输入的单词序列是否是文法的句子，输出语法分析树，并能给出错误提示。项目文件设计如下：

① 词法分析器源文件 lexer.l：对输入的测试用例进行单词的识别。

② 语法分析器源文件 parser.y：解析测试用例并构建相应的语法树。

③ 主函数文件 main.c：包含程序的入口点和主要逻辑。

④ 头文件 tree.h：用来定义项目中需要用到的树状数据结构。

⑤ input1.txt：测试用例 1（基本结构）。

⑥ input2.txt：测试用例 2（循环结构）。

⑦ input3.txt：测试用例 3（函数定义及分支结构）。

⑧ input4.txt：测试用例 4（结构体定义）。

⑨ input5.txt：测试用例 5（报错测试）。

5.2.2　语法规则设计

1. 终结符（单词）对应的记号

Yacc 规定，语法分析程序 yyparse() 运行时需要调用 yylex() 获取单词，每调用一次，yylex() 就从测试用例文件中识别出一个单词，并以二元组（记号，属性值）的形式分别通过 return 语句和 Yacc 全局变量 yylval 回送给 yyparse()，返回的记号必须在 Yacc 定义部分由 %token 等定义的终结符名。因此，需将 2.2.1 节的所有单词都设置合理的记号，见表 5-1。这些记号将在词法分析器源文件 lexer.l 中使用，在语法分析器源文件 parser.y 中由 %token 定义。

表 5-1　单词及对应的记号

<table>
<tr><th>单词种类</th><th>单　词</th><th>单词对应的记号</th></tr>
<tr><td rowspan="6">关键字</td><td>struct</td><td>STRUCT</td></tr>
<tr><td>return</td><td>RETURN</td></tr>
<tr><td>if</td><td>IF</td></tr>
<tr><td>else</td><td>ELSE</td></tr>
<tr><td>while</td><td>WHILE</td></tr>
<tr><td>int|float</td><td>TYPE</td></tr>
<tr><td>标识符</td><td>[a-zA-Z][_0-9a-zA-Z]*</td><td>ID</td></tr>
<tr><td rowspan="10">运算符</td><td>关系运算符 >|<|>=|<=|==|!=</td><td>RELOP</td></tr>
<tr><td>+</td><td>PLUS</td></tr>
<tr><td>-</td><td>MINUS</td></tr>
<tr><td>*</td><td>STAR</td></tr>
<tr><td>/</td><td>DIV</td></tr>
<tr><td>!</td><td>NOT</td></tr>
<tr><td>&&</td><td>AND</td></tr>
<tr><td>||</td><td>OR</td></tr>
<tr><td>=</td><td>ASSIGNOP</td></tr>
<tr><td>.</td><td>DOT</td></tr>
<tr><td rowspan="9">分隔符</td><td>;</td><td>SEMI</td></tr>
<tr><td>,</td><td>COMMA</td></tr>
<tr><td>(</td><td>LP</td></tr>
<tr><td>)</td><td>RP</td></tr>
<tr><td>[</td><td>LB</td></tr>
<tr><td>]</td><td>RB</td></tr>
<tr><td>{</td><td>LC</td></tr>
<tr><td>}</td><td>RC</td></tr>
<tr><td rowspan="2">数字</td><td>整数 [1-9]+[0-9]{0,31}|0</td><td>INT</td></tr>
<tr><td>浮点数 0|([1-9]+[0-9]*)\.[0-9]*</td><td>FLOAT</td></tr>
</table>

2. 语法规则

按照 4.2.2 节 Yacc 文件格式要求，需将 2.3 节 TPL 语言的语法规则中用到的终结符转换为表 5-1 中的记号形式。2.3 节的语法规则比较基础，本节扩充了一些语法规则。扩充后的语法规则包括基础的顺序结构、分支结构、循环结构、函数声明、结构体声明等。这些语法规则将在语法分析器源文件 parser.y 中使用。扩充后的语法规则如下：

```
1  Program → ExtDefList
2  ExtDefList → ExtDef ExtDefList | ε
3  ExtDef → Specifier ExtDecList SEMI | Specifier SEMI | Specifier FunDec CompSt
4  ExtDecList → VarDec | VarDec COMMA ExtDecList
5  Specifier → TYPE | StructSpecifier
6  StructSpecifier → STRUCT OptTag LC DefList RC | STRUCT Tag
7  OptTag → ID | ε
8  Tag → ID
9  VarDec → ID | VarDec LB INT RB
10 FunDec → ID LP VarList RP | ID LP RP
11 VarList → ParamDec COMMA VarList | ParamDec
12 ParamDec → Specifier VarDec
13 CompSt → LC DefList StmtList RC
14 StmtList → Stmt StmtList | ε
15 Stmt → Exp SEMI | CompSt | RETURN Exp SEMI | IF LP Exp RP Stmt | IF LP
   Exp RP Stmt ELSE Stmt | WHILE LP Exp RP Stmt | FOR LP Specifier DecList
   SEMI Exp SEMI Exp RP Stmt | FOR LP Exp SEMI Exp SEMI Exp RP Stmt
16 DefList → Def DefList | ε
17 Def → Specifier DecList SEMI
18 DecList → Dec | Dec COMMA DecList
19 Dec → VarDec | VarDec ASSIGNOP Exp
20 Exp → Exp ASSIGNOP Exp | Exp AND Exp | Exp OR Exp | Exp RELOP Exp | Exp
   PLUS Exp | Exp MINUS Exp | Exp STAR Exp | Exp DIV Exp | LP Exp RP | MINUS
   Exp | Exp PLUS PLUS | Exp MINUS MINUS | NOT Exp | ID LP Args RP | ID LP RP
   | Exp LB Exp RB | Exp DOT ID | ID | INT | FLOAT
21 Args → Exp COMMA Args | Exp
```

对以上语法规则中的非终结符号给出其含义，见表 5-2。终结符号即单词，见表 5-1。

表 5-2 语法规则符号说明

符　号	符号含义
Program	整个程序的起始点，包含外部定义的列表
ExtDefList	外部定义的列表，可能为空或者包含多个外部定义
ExtDef	外部定义，可以是变量声明、函数声明或函数定义
ExtDecList	外部变量声明列表，可以是单个或多个变量声明
Specifier	类型说明符，指定变量或函数的类型，如基本类型（TYPE）或结构体类型（StructSpecifier）
StructSpecifier	结构体类型说明符，定义结构体及其成员，或者引用已命名的结构体
OptTag	结构体的可选标签，用于命名结构体或为空
Tag	结构体的标签，表示结构体的名称

续表

符　号	符号含义
VarDec	变量声明，可以是简单变量或数组
FunDec	函数声明，包括函数名、参数列表和返回类型
VarList	参数列表，包含函数参数的声明，可以是多个参数
ParamDec	参数声明，包括参数类型和名称
CompSt	复合语句，包含局部变量定义和语句列表
StmtList	语句列表，包含多个语句或为空
Stmt	各种类型语句，包括表达式语句、控制流语句、复合语句和返回语句
DefList	定义列表，包含多个变量定义或为空
Def	定义，通常包括类型说明符和声明列表
DecList	声明列表，可以是单个或多个声明
Dec	声明，可以是变量声明，也可以是带初始值的声明
Exp	表达式，包括赋值、逻辑运算、算术运算、函数调用、数组访问、结构体成员访问等
Args	函数调用中的参数列表，包含一个或多个表达式

5.2.3 语法分析器源文件

1. 头文件 tree.h

头文件 tree.h 用来定义项目中需要用到的树状数据结构；被词法分析器和语法分析器所共享。后面提到的语法树即和该文件有关。目前，语法树会呈现出归约过程并注出对应动作在程序中的行数（见 5.2.4 节的测试用例）。读者可更改进行个性化配置。头文件 tree.h 内容如下：

```
#include<stdio.h>
#include<stdlib.h>
#include<string.h>
#define MAXCHILD 10
extern int yylineno; /* 行号 */
extern char *yytext;
extern int yylex(void);
/*grammer Tree node*/
struct Ast{
    int line;
    char *name;
    int n; //子节点个数
    union{
        char* type;
        int i;
        int f;
    };
    struct Ast* child[MAXCHILD]; //指向子节点的链表
};
struct Ast* newLeaf(char* s,int yyline);  //创建叶子结点
```

```
struct Ast *newNode(char *s,int yyline,int num,struct Ast* arr[]);
struct Ast *newNode0(char *s,int num);
void printTree(struct Ast* r,int layer); // 打印语法树
```

2. 词法分析器源文件 lexer.l

按照 4.1 节词法分析工具讲解，以及 5.2.1 节设计思路与表 5-1 单词及对应的记号，编写词法分析源文件 lexer.l：对输入的测试用例进行单词的识别。文件内容如下：

```
%{
#include "parser.tab.h"
  extern FILE* yyin;
  int yycolumn = 1;
  int err = 0;
  #define YY_USER_ACTION \
    yylloc.first_line = yylloc.last_line = yylineno; \
    yylloc.first_column = yycolumn; \
    yylloc.last_column = yycolumn + yyleng - 1; \
    yycolumn += yyleng;
%}
%option yylineno
/* 第一部分：正则定义 */
int [1-9]+[0-9]{0,31}|0
int8 0[0-9]{3}
int16 0x[0-9A-Fa-f]{0,4}
float 0|([1-9]+[0-9]*)\.[0-9]*
id [_a-zA-Z][_0-9a-zA-Z]*
relop >|<|>=|<=|==|!=
/* 第二部分：规则定义 */
%%
\/\*[^*]*\*+([^/*][^*]*\*+)*\/ {     } // 匹配C风格的多行注释
"//".* { /*comment*/ } // 匹配C++风格的单行注释
struct {yylval.a=newLeaf("STRUCT",yylineno);return STRUCT;} // 匹配关键字"struct"
return {yylval.a=newLeaf("RETURN",yylineno);return RETURN;} // 匹配关键字"return"
if {yylval.a=newLeaf("IF",yylineno);return IF;} // 匹配关键字"if"
else {yylval.a=newLeaf("ELSE",yylineno);return ELSE;} // 匹配关键字"else"
while {yylval.a=newLeaf("WHILE",yylineno);return WHILE;} // 匹配关键字"while"
for {yylval.a=newLeaf("FOR",yylineno);return FOR;} //匹配关键字"for"
int|float {yylval.a=newLeaf("TYPE",yylineno);return TYPE;} // 匹配关键字"int"或"float"
{int} { yylval.a=newLeaf("INT",yylineno);return INT; } // 匹配int正则表达式
{float} { yylval.a=newLeaf("FLOAT",yylineno);return FLOAT; } // 匹配float正则表达式
{id} { yylval.a=newLeaf("ID",yylineno);return ID; } // 匹配id正则表达式
";" { yylval.a=newLeaf("SEMI",yylineno);return SEMI; } // 匹配分号
"," { yylval.a=newLeaf("COMMA",yylineno);return COMMA; } // 匹配逗号
"=" { yylval.a=newLeaf("ASSIGNOP",yylineno);return ASSIGNOP; } // 匹配赋值符号
{relop} {yylval.a=newLeaf("RELOP",yylineno);return RELOP;} // 匹配relop正则表达式
"+" { yylval.a=newLeaf("PLUS",yylineno);return PLUS; } // 匹配加号
"-" {yylval.a=newLeaf("MINUS",yylineno);return MINUS;} // 匹配减号
"*" {yylval.a=newLeaf("STAR",yylineno);return STAR;} // 匹配乘号
"/" {yylval.a=newLeaf("DIV",yylineno);return DIV;} // 匹配除号
```

```
42 "&&" {yylval.a=newLeaf("AND",yylineno);return AND;} // 匹配逻辑与运算符
43 "||" {yylval.a=newLeaf("OR",yylineno);return OR;} // 匹配逻辑或运算符
44 "." {yylval.a=newLeaf("DOT",yylineno);return DOT;} // 匹配点号
45 "!" {yylval.a=newLeaf("NOT",yylineno);return NOT;} // 匹配逻辑非运算符
46 "(" {yylval.a=newLeaf("LP",yylineno);return LP;} // 匹配左圆括号
47 ")" {yylval.a=newLeaf("RP",yylineno);return RP;} // 匹配右圆括号
48 "[" {yylval.a=newLeaf("LB",yylineno);return LB;} // 匹配左方括号
49 "]" {yylval.a=newLeaf("RB",yylineno);return RB;} // 匹配右方括号
50 "{" {yylval.a=newLeaf("LC",yylineno);return LC;} // 匹配左大括号
51 "}" {yylval.a=newLeaf("RC",yylineno);return RC;} // 匹配右大括号
52 [ \t\r\f]+  {  /*whitespace*/  } // 匹配空白字符
53 "\n" { yycolumn=1; } // 匹配换行符，重置列号为 1
54 . {
55   fprintf(stderr,"There is a Lexical Error at Line %d: Mysterious characters
   \"%s\".\n",yylineno,yytext); // 匹配其他字符，输出错误信息
56     err = 1; // 错误标记设为 1
57 }
58 %%
59 //单个文件扫描完毕退出，以免打印语法树相关信息
60 int yywrap()
61 {
62      if(err==1)
63          exit(0);
64    return 1;
65 }
```

由词法分析源文件 lexer.l 识别的单词会传入到语法分析器源文件 parser.y 进行语法分析，因此词法分析器源文件 lexer.l 不设置 main() 函数，这是与 5.1.2 节不同之处。

由于 Flex 在不同行采用先到先服务的算法，在词法分析中，需要把字符串先于关键字函数匹配，防止保留字进入标识符的数组。所以第 24 行至第 32 行是对关键字的识别，之后的第 33 行是对标识符的识别。

3. 语法分析器源文件 parser.y

按照 4.2 节语法分析工具使用，以及 5.2.1 节设计思路与 5.2.2 节语法规则，编写语法分析器源文件 parser.y，解析测试用例并构建相应的语法树。代码如下：

```
%{
  #include "tree.h"
  //#define YYERROR_VERBOSE
  void yyerror(const char* msg);
  int ERR = 0;
%}
%union{
struct Ast* a;
}
/*tokens 终结符 词法单元 尖括号定义其类型 */
%token <a> INT FLOAT ID
%token <a> SEMI COMMA ASSIGNOP RELOP
```

```
%token <a> PLUS MINUS STAR DIV
%token <a> AND OR
%token <a> DOT NOT TYPE
%token <a> LP RP LB RB LC RC
%token <a> STRUCT RETURN IF ELSE WHILE FOR
/* 语法单元值的类型说明 */
%type <a> Program ExtDefList ExtDef ExtDecList Specifier StructSpecifier
%type <a> OptTag Tag VarDec FunDec VarList ParamDec CompSt StmtList Stmt DefList Def DecList Dec Exp Args
/* 左结合，右结合，优先级设定 */
%right ASSIGNOP
%left OR
%left AND
%left RELOP
%left PLUS MINUS
%left STAR DIV
%right NOT
%left LP COMMA RP LB RB DOT
%nonassoc ELSE
%%
Program : ExtDefList { // 程序由外部定义列表构成
    struct Ast* t[1] = {$1}; // 构造节点数组
    $$ = newNode("Program", @1.first_line, 1, t); // 创建 Program 节点
    if (ERR == 0) // 如果没有错误
        printTree($$, 0); // 打印语法树
}
;
ExtDefList : ExtDef ExtDefList { // 外部定义列表由外部定义和外部定义列表构成
    struct Ast* t[2] = {$1, $2}; // 构造节点数组
    $$ = newNode("ExtDefList", @1.first_line, 2, t); // 创建 ExtDefList 节点
}
| {$$ = newNode0("ExtDefList", 0);} // 空的外部定义列表
;
ExtDef : Specifier ExtDecList SEMI { // 外部定义由声明符号和外部声明列表组成
    struct Ast* t[3] = {$1, $2, $3}; // 构造节点数组
    $$ = newNode("ExtDef", @1.first_line, 3, t); // 创建 ExtDef 节点
}
| Specifier SEMI { // 外部定义由声明符号和分号构成
    struct Ast* t[2] = {$1, $2}; // 构造节点数组
    $$ = newNode("ExtDef", @1.first_line, 2, t); // 创建 ExtDef 节点
}
| Specifier FunDec CompSt { // 外部定义由声明符号、函数声明和复合语句构成
    struct Ast* t[3] = {$1, $2, $3}; // 构造节点数组
    $$ = newNode("ExtDef", @1.first_line, 3, t); // 创建 ExtDef 节点
}
;
ExtDecList : VarDec { // 外部声明列表由变量声明构成
    struct Ast* t[1] = {$1}; // 构造节点数组
    $$ = newNode("ExtDecList", @1.first_line, 1, t); // 创建 ExtDecList 节点
}
| VarDec COMMA ExtDecList { // 外部声明列表由变量声明、逗号和外部声明列表构成
```

```
    struct Ast* t[3] = {$1, $2, $3}; // 构造节点数组
    $$ = newNode("ExtDecList", @1.first_line, 3, t); // 创建 ExtDecList 节点
}
;
Specifier : TYPE { // 声明符号为类型
    struct Ast* t[1] = {$1}; // 构造节点数组
    $$ = newNode("Specifier", @1.first_line, 1, t); // 创建 Specifier 节点
}
| StructSpecifier { // 声明符号为结构体
    struct Ast* t[1] = {$1}; // 构造节点数组
    $$ = newNode("Specifier", @1.first_line, 1, t); // 创建 Specifier 节点
}
;
StructSpecifier : STRUCT OptTag LC DefList RC { // 结构体声明由结构体关键字、可选标识符、左大括号、定义列表和右大括号构成
  struct Ast* t[5] = {$1, $2, $3, $4, $5}; // 构造节点数组
  $$ = newNode("StructSpecifier", @1.first_line, 5, t); // 创建 StructSpecifier 节点
}
| STRUCT Tag { // 结构体声明由结构体关键字和标识符构成
    struct Ast* t[2] = {$1, $2}; // 构造节点数组
    $$ = newNode("StructSpecifier", @1.first_line, 2, t); // 创建 StructSpecifier 节点
}
;
OptTag : ID { // 可选标识符为标识符
    struct Ast* t[1] = {$1}; // 构造节点数组
    $$ = newNode("OptTag", @1.first_line, 1, t); // 创建 OptTag 节点
}
| {$$ = newNode0("OptTag", 0);} // 空的可选标识符
;
Tag : ID { // 标识符
    struct Ast* t[1] = {$1}; // 构造节点数组
    $$ = newNode("Tag", @1.first_line, 1, t); // 创建 Tag 节点
}
;
VarDec : ID { // 变量声明为标识符
    struct Ast* t[1] = {$1}; // 构造节点数组
    $$ = newNode("VarDec", @1.first_line, 1, t); // 创建 VarDec 节点
}
| VarDec LB INT RB { // 变量声明为标识符加上一对方括号和整数
    struct Ast* t[4] = {$1, $2, $3, $4}; // 构造节点数组
    $$ = newNode("VarDec", @1.first_line, 4, t); // 创建 VarDec 节点
}
;
FunDec : ID LP VarList RP { // 函数声明由标识符、左括号、参数列表和右括号构成
    struct Ast* t[4] = {$1, $2, $3, $4}; // 构造节点数组
    $$ = newNode("FunDec", @1.first_line, 4, t); // 创建 FunDec 节点
}
| ID LP RP { // 函数声明由标识符、左括号和右括号构成
    struct Ast* t[3] = {$1, $2, $3}; // 构造节点数组
    $$ = newNode("FunDec", @1.first_line, 3, t); // 创建 FunDec 节点
}
```

```
;
VarList : ParamDec COMMA VarList { // 参数列表由参数声明、逗号和参数列表构成
    struct Ast* t[3] = {$1, $2, $3}; // 构造节点数组
    $$ = newNode("VarList", @1.first_line, 3, t); // 创建VarList节点
}
| ParamDec { // 参数列表由参数声明构成
    struct Ast* t[1] = {$1}; // 构造节点数组
    $$ = newNode("VarList", @1.first_line, 1, t); // 创建VarList节点
}
;
ParamDec : Specifier VarDec { // 参数声明由声明符号和变量声明构成
    struct Ast* t[2] = {$1, $2}; // 构造节点数组
    $$ = newNode("ParamDec", @1.first_line, 2, t); // 创建ParamDec节点
}
;
CompSt : LC DefList StmtList RC { // 复合语句由左大括号、定义列表、语句列表和右大括号构成
   struct Ast* t[4] = {$1, $2, $3, $4}; // 构造节点数组
    $$ = newNode("CompSt", @1.first_line, 4, t); // 创建CompSt节点
}
;
StmtList : Stmt StmtList { // 语句列表由语句和语句列表构成
    struct Ast* t[2] = {$1, $2}; // 构造节点数组
    $$ = newNode("StmtList", @1.first_line, 2, t); // 创建StmtList节点
}
| {$$ = newNode0("StmtList", 0);} // 空的语句列表
;
Stmt : Exp SEMI { // 语句为表达式加上分号
    struct Ast* t[2] = {$1, $2}; // 构造节点数组
    $$ = newNode("Stmt", @1.first_line, 2, t); // 创建Stmt节点
}
| CompSt { // 语句为复合语句
    struct Ast* t[1] = {$1}; // 构造节点数组
    $$ = newNode("Stmt", @1.first_line, 1, t); // 创建Stmt节点
}
| RETURN Exp SEMI { // 语句为return语句
    struct Ast* t[3] = {$1, $2, $3}; // 构造节点数组
    $$ = newNode("Stmt", @1.first_line, 3, t); // 创建Stmt节点
}
| IF LP Exp RP Stmt { // 语句为if语句
    struct Ast* t[5] = {$1, $2, $3, $4, $5}; // 构造节点数组
    $$ = newNode("Stmt", @1.first_line, 5, t); // 创建Stmt节点
}
| IF LP Exp RP Stmt ELSE Stmt { // 语句为if-else语句
    struct Ast* t[7] = {$1, $2, $3, $4, $5, $6, $7}; // 构造节点数组
    $$ = newNode("Stmt", @1.first_line, 7, t); // 创建Stmt节点
}
| WHILE LP Exp RP Stmt  { // 语句为while语句
    struct Ast* t[5] = {$1, $2, $3, $4, $5}; // 构造节点数组
    $$ = newNode("Stmt", @1.first_line, 5, t); // 创建Stmt节点
}
//表达式为for循环(内部变量声明)
```

```
| FOR LP Specifier DecList SEMI Exp SEMI Exp RP Stmt  {
    struct Ast* t[10] = {$1, $2, $3, $4, $5, $6, $7, $8, $9, $10}; // 构造节点数组
    $$ = newNode("Stmt", @1.first_line, 10, t); // 创建 Stmt 节点
}
| FOR LP Exp SEMI Exp SEMI Exp RP Stmt  { // 表达式为 for 循环（外部变量声明）
    struct Ast* t[9] = {$1, $2, $3, $4, $5, $6, $7, $8, $9}; // 构造节点数组
    $$ = newNode("Stmt", @1.first_line, 9, t); // 创建 Stmt 节点
}
;
DefList : Def DefList { // 定义列表由定义和定义列表构成
    struct Ast* t[2] = {$1, $2}; // 构造节点数组
    $$ = newNode("DefList", @1.first_line, 2, t); // 创建 DefList 节点
}
| {$$ = newNode0("DefList", 0);} // 空的定义列表
;
Def : Specifier DecList SEMI { // 定义由声明符号、声明列表和分号构成
    struct Ast* t[3] = {$1, $2, $3}; // 构造节点数组
    $$ = newNode("Def", @1.first_line, 3, t); // 创建 Def 节点
}
;
DecList : Dec { // 声明列表由声明构成
    struct Ast* t[1] = {$1}; // 构造节点数组
    $$ = newNode("DecList", @1.first_line, 1, t); // 创建 DecList 节点
}
| Dec COMMA DecList { // 声明列表由声明、逗号和声明列表构成
    struct Ast* t[3] = {$1, $2, $3}; // 构造节点数组
    $$ = newNode("DecList", @1.first_line, 3, t); // 创建 DecList 节点
}
;
Dec : VarDec { // 声明为变量声明
    struct Ast* t[1] = {$1}; // 构造节点数组
    $$ = newNode("Dec", @1.first_line, 1, t); // 创建 Dec 节点
}
| VarDec ASSIGNOP Exp { // 声明为变量声明加上赋值号和表达式
    struct Ast* t[3] = {$1, $2, $3}; // 构造节点数组
    $$ = newNode("Dec", @1.first_line, 3, t); // 创建 Dec 节点
}
;
Exp : Exp ASSIGNOP Exp { // 表达式为表达式加上赋值号和表达式
  struct Ast* t[3] = {$1, $2, $3}; // 构造节点数组
  $$ = newNode("Exp", @1.first_line, 3, t); // 创建 Exp 节点
}
| Exp AND Exp { // 表达式为表达式加上与运算符和表达式
    struct Ast* t[3] = {$1, $2, $3}; // 构造节点数组
    $$ = newNode("Exp", @1.first_line, 3, t); // 创建 Exp 节点
}
| Exp OR Exp { // 表达式为表达式加上或运算符和表达式
    struct Ast* t[3] = {$1, $2, $3}; // 构造节点数组
    $$ = newNode("Exp", @1.first_line, 3, t); // 创建 Exp 节点
}
| Exp RELOP Exp { // 表达式为表达式加上关系运算符和表达式
```

```
    struct Ast* t[3] = {$1, $2, $3}; // 构造节点数组
    $$ = newNode("Exp", @1.first_line, 3, t); // 创建Exp节点
}
| Exp PLUS Exp { // 表达式为表达式加上加号和表达式
    struct Ast* t[3] = {$1, $2, $3}; // 构造节点数组
    $$ = newNode("Exp", @1.first_line, 3, t); // 创建Exp节点
}
| Exp MINUS Exp { // 表达式为表达式加上减号和表达式
    struct Ast* t[3] = {$1, $2, $3}; // 构造节点数组
    $$ = newNode("Exp", @1.first_line, 3, t); // 创建Exp节点
}
| Exp STAR Exp { // 表达式为表达式加上乘号和表达式
    struct Ast* t[3] = {$1, $2, $3}; // 构造节点数组
    $$ = newNode("Exp", @1.first_line, 3, t); // 创建Exp节点
}
| Exp DIV Exp { // 表达式为表达式加上除号和表达式
    struct Ast* t[3] = {$1, $2, $3}; // 构造节点数组
    $$ = newNode("Exp", @1.first_line, 3, t); // 创建Exp节点
}
| LP Exp RP { // 表达式为左括号、表达式和右括号
    struct Ast* t[3] = {$1, $2, $3}; // 构造节点数组
    $$ = newNode("Exp", @1.first_line, 3, t); // 创建Exp节点
}
| MINUS Exp { // 表达式为负数
    struct Ast* t[2] = {$1, $2}; // 构造节点数组
    $$ = newNode("Exp", @1.first_line, 2, t); // 创建Exp节点
}
| Exp PLUS PLUS { // 自增操作
    struct Ast* t[3] = {$1, $2, $3}; // 构造节点数组
    $$ = newNode("Exp", @1.first_line, 3, t); // 创建Exp节点
}
| Exp MINUS MINUS { // 自减操作
    struct Ast* t[3] = {$1, $2, $3}; // 构造节点数组
    $$ = newNode("Exp", @1.first_line, 3, t); // 创建Exp节点
}
| NOT Exp { // 表达式为逻辑非运算符和表达式
    struct Ast* t[2] = {$1, $2}; // 构造节点数组
   $$ = newNode("Exp", @1.first_line, 2, t); // 创建Exp节点
}
| ID LP Args RP { // 表达式为标识符、左括号、参数列表和右括号
    struct Ast* t[4] = {$1, $2, $3, $4}; // 构造节点数组
    $$ = newNode("Exp", @1.first_line, 4, t); // 创建Exp节点
}
| ID LP RP { // 表达式为标识符、左括号和右括号
    struct Ast* t[3] = {$1, $2, $3}; // 构造节点数组
    $$ = newNode("Exp", @1.first_line, 3, t); // 创建Exp节点
}
| Exp LB Exp RB { // 表达式为表达式加上左中括号、表达式和右中括号
    struct Ast* t[4] = {$1, $2, $3, $4}; // 构造节点数组
    $$ = newNode("Exp", @1.first_line, 4, t); // 创建Exp节点
}
```

```
| Exp DOT ID { // 表达式为表达式加上点号和标识符
    struct Ast* t[3] = {$1, $2, $3}; // 构造节点数组
    $$ = newNode("Exp", @1.first_line, 3, t); // 创建 Exp 节点
}
| ID { // 表达式为标识符
    struct Ast* t[1] = {$1}; // 构造节点数组
    $$ = newNode("Exp", @1.first_line, 1, t); // 创建 Exp 节点
}
| INT { // 表达式为整数
    struct Ast* t[1] = {$1}; // 构造节点数组
    $$ = newNode("Exp", @1.first_line, 1, t); // 创建 Exp 节点
}
| FLOAT { // 表达式为浮点数
    struct Ast* t[1] = {$1}; // 构造节点数组
    $$ = newNode("Exp", @1.first_line, 1, t); // 创建 Exp 节点
}
;

Args : Exp COMMA Args { // 函数参数列表由表达式、逗号和参数列表构成
    struct Ast* t[3] = {$1, $2, $3}; // 构造节点数组
    $$ = newNode("Args", @1.first_line, 3, t); // 创建 Args 节点
}
| Exp { // 函数参数列表为单个表达式
    struct Ast* t[1] = {$1}; // 构造节点数组
    $$ = newNode("Args", @1.first_line, 1, t); // 创建 Args 节点
}
;
%%
void yyerror(const char* msg)
{
    ERR = 1;
    fprintf(stderr,"There is a Syntax Error at Line %d\n",yylineno);
printf("Note: When encountering an error, the program terminates and reports it,\nbut errors at the end of lines cause the error position to be after the actual error location.\n");
//报错说明
}
```

4. 主函数文件 main.c

主函数文件 main.c：包含语法分析器的入口点和语法分析过程的逻辑过程。代码如下：

```
#include"tree.h"
#include"lex.yy.c"
extern void yyrestart(FILE *input_file);
extern int yyparse(void);
extern char *yytext;
//新建一个叶子节点
struct Ast* newLeaf(char* s,int yyline)
{
```

```
    struct Ast *l=(struct Ast *)malloc(sizeof(struct Ast));
    l->name=s; //语法单元名字
    l->line=yyline;
    l->n=0;
    if((!strcmp(l->name,"ID"))||(!strcmp(l->name,"TYPE")))
    {
        char *t;
        t=(char *)malloc(sizeof(char *)*10);
        strcpy(t,yytext);
        l->type=t;
    }
    else if(!strcmp(l->name,"INT"))
        l->i=atoi(yytext);
    else if(!strcmp(l->name,"FLOAT"))
        l->f=atof(yytext);
    return l;
}
//新建一个语法树分支节点
struct Ast *newNode(char *s,int yyline,int num,struct Ast* arr[])
{
    struct Ast *l=(struct Ast *)malloc(sizeof(struct Ast));
    l->name=s;
    l->line=yyline;
    l->n=num;
    for(int i=0;i<l->n;i++)
        l->child[i]=arr[i];
    return l;
}
//实现对空的处理
struct Ast *newNode0(char *s,int num)
{
    struct Ast *l=(struct Ast *)malloc(sizeof(struct Ast));
    l->name=s;
    l->n=0;
    l->line=-1;
    return l;
}
//遍历语法树
void printTree(struct Ast* r,int layer)
{
    if(r!=NULL && r->line!=-1)
    {
        for(int i=0;i<layer;i++)
            printf("  ");
        printf("%s",r->name);//语法单元名字
        if((!strcmp(r->name,"ID"))||(!strcmp(r->name,"TYPE")))
            printf(": %s",r->type);
        else if(!strcmp(r->name,"INT"))
            printf(": %d",r->i);
        else if(!strcmp(r->name,"FLOAT"))
```

```
                printf(": %f",r->f);
        else if(r->n!=0)  //语法单元输出行号
                printf(" (%d)",r->line);
      printf("\n");
         for(int k=0;k<r->n;k++)
                printTree(r->child[k],layer+1);
    }
}
int main(int argc, char** argv) {
    if(argc<=1)
        return 1;
    FILE* f=fopen(argv[1],"r");
    if(!f)
    {
        perror(argv[1]);
        return 1;
    }
    yyrestart(f);
    yyparse();
    return 0;
}
```

5.2.4 测试用例

1. 准备工作

假设项目文件存储在 d:\zjm2 中，构建项目命令如图 5-5 所示。

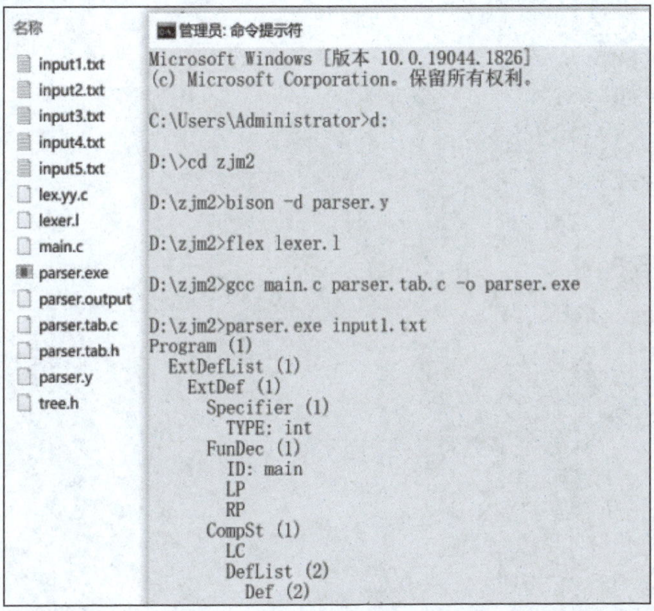

图 5-5　TPL 编译器执行命令

① 进入命令提示符，然后导到 d 盘 zjm2 文件夹。

② 使用 Bison 编译 parser.y 文件：bison -d parser.y，生成 parser.tab.h 和 parser.tab.c。

③ 使用 Flex 编译 lexer.l 文件：flex lexer.l，生成 lex.yy.c。

④ 使用 GCC 编译器编译主程序 main.c 和由 Bison 生成的语法分析器实现文件 parser.tab.c，并生成可执行文件 parser.exe。命令格式：

```
gcc main.c parser.tab.c -o parser.exe
```

⑤ 使用 parser.exe 编译源程序，比如 parser.exe input1.txt，输出 input1.txt 的语法树。（如果是 Windows11 操作系统，命令为 .\parser.exe input1.txt。）

2. 基本结构测试

例 5.4 基本结构测试实例。

输入源程序：

```
int main(){
    int i = 0;
    i++;
    return 0;
}
```

程序无误，运行 parser.exe input1.txt 打印语法树如下：

```
Program (1)
  ExtDefList (1)
    ExtDef (1)
      Specifier (1)
        TYPE: int
      FunDec (1)
        ID: main
        LP
        RP
      CompSt (1)
        LC
        DefList (2)
          Def (2)
            Specifier (2)
              TYPE: int
            DecList (2)
              Dec (2)
                VarDec (2)
                  ID: i
                ASSIGNOP
                Exp (2)
                  INT: 0
            SEMI
        StmtList (3)
          Stmt (3)
```

```
            Exp (3)
              Exp (3)
                ID: i
              PLUS
              PLUS
            SEMI
          StmtList (4)
            Stmt (4)
              RETURN
              Exp (4)
                INT: 0
              SEMI
        RC
```

3. 循环结构测试

例 5.5 循环结构测试实例。

输入源程序：

```
int main(){
int k = 1;
for(int i = 0; i < 5; i++){
     k++;
     }
     return 0;
}
```

程序无误，运行 parser.exe input2.txt 打印语法树如下：

```
Program (1)
  ExtDefList (1)
    ExtDef (1)
      Specifier (1)
        TYPE: int
      FunDec (1)
        ID: main
        LP
        RP
      CompSt (1)
        LC
        DefList (2)
          Def (2)
            Specifier (2)
              TYPE: int
            DecList (2)
              Dec (2)
                VarDec (2)
                  ID: k
                ASSIGNOP
```

```
          Exp (2)
            INT: 1
      SEMI
  StmtList (3)
    Stmt (3)
      FOR
      LP
      Specifier (3)
        TYPE: int
      DecList (3)
        Dec (3)
          VarDec (3)
            ID: i
          ASSIGNOP
          Exp (3)
            INT: 0
      SEMI
      Exp (3)
        Exp (3)
          ID: i
        RELOP
        Exp (3)
          INT: 5
      SEMI
      Exp (3)
        Exp (3)
          ID: i
        PLUS
        PLUS
      RP
      Stmt (3)
        CompSt (3)
          LC
          StmtList (4)
            Stmt (4)
              Exp (4)
                Exp (4)
                  ID: k
                PLUS
                PLUS
              SEMI
          RC
    StmtList (6)
      Stmt (6)
        RETURN
        Exp (6)
          INT: 0
        SEMI
  RC
```

4. 函数定义及分支结构测试

例 5.6　函数定义及分支结构测试实例。

输入源程序：

```
int function(int k) // This is a function definition
{
    if(k > 0){
        k--;
    }
    else{
        k++;
}
return k;
}
```

程序无误，运行 parser.exe input3.txt 打印语法树如下：

```
Program (1)
  ExtDefList (1)
    ExtDef (1)
      Specifier (1)
        TYPE: int
      FunDec (1)
        ID: function
        LP
        VarList (1)
          ParamDec (1)
            Specifier (1)
              TYPE: int
            VarDec (1)
              ID: k
        RP
      CompSt (2)
        LC
        StmtList (3)
          Stmt (3)
            IF
            LP
            Exp (3)
              Exp (3)
                ID: k
              RELOP
              Exp (3)
                INT: 0
            RP
            Stmt (3)
              CompSt (3)
                LC
                StmtList (4)
```

```
            Stmt (4)
              Exp (4)
                Exp (4)
                  ID: k
                MINUS
                MINUS
              SEMI
          RC
      ELSE
      Stmt (6)
        CompSt (6)
          LC
          StmtList (7)
            Stmt (7)
              Exp (7)
                Exp (7)
                  ID: k
                PLUS
                PLUS
              SEMI
          RC
    StmtList (9)
      Stmt (9)
        RETURN
        Exp (9)
          ID: k
        SEMI
  RC
```

5. 结构体定义测试

例 5.7 结构体定义测试实例。

输入源程序：

```
struct Student {
    int id;
    int age;
    float grade;
};
```

程序无误，运行 parser.exe input4.txt 打印语法树如下：

```
Program (1)
  ExtDefList (1)
    ExtDef (1)
      Specifier (1)
        StructSpecifier (1)
          STRUCT
```

```
      OptTag (1)
       ID: Student
      LC
      DefList (2)
       Def (2)
        Specifier (2)
         TYPE: int
        DecList (2)
         Dec (2)
          VarDec (2)
           ID: id
        SEMI
       DefList (3)
        Def (3)
         Specifier (3)
          TYPE: int
         DecList (3)
          Dec (3)
           VarDec (3)
            ID: age
         SEMI
        DefList (4)
         Def (4)
          Specifier (4)
           TYPE: float
          DecList (4)
           Dec (4)
            VarDec (4)
             ID: grade
          SEMI
      RC
    SEMI
```

6. 报错测试

例 5.8 报错测试实例。

输入源程序：

```
int main(){
    int %k = 1; //error 1
    for(int i = 0 i < 5; i++){ // error 2
        k++ // error 3
    }
    return 0;
}
```

因语法错误会导致分析器终止，如图 5-6 所示。

```
D:\zjm2>parser.exe input5.txt
There is a Lexical Error at Line 2: Mysterious characters "%".
There is a Syntax Error at Line 3
Note: When encountering an error, the program terminates and reports it,
but errors at the end of lines cause the error position to be after the actual error location.
```

图 5-6 语法错误用例

因为 Bison 自带的 error 栈处理机制，程序在遇到错误时会立即终止并输出错误所在行数，且行末的错误通常会导致报错行数延后于实际错误位置。

5.3 功能扩展

本章编译器使用自动生成工具，实现了词法和语法分析功能。如果需要在此基础上继续实现语义分析，那么可以使用命令 bison -v parser.y 生成 parser.output 文件，该文件包含了 TPL 语言的 LALR 语法分析表。使用该表采用高级语言编写语义分析程序。

附录A 高级语言实现编译器实验报告模板

1 实验目的

2 实验要求

3 实验内容

4 实验原理

4.1 词法分析的实验原理

4.2 语法分析的实验原理

4.3 语义分析的实验原理

4.4 代码优化的实验原理

5 数据结构、函数说明和主要算法

首先给出项目结构，包括项目名，所包含的文件及文件功能说明。

5.1 词法分析的数据结构、函数说明和主要算法

5.2 语法分析的数据结构、函数说明和主要算法

5.3 语义分析的数据结构、函数说明和主要算法

5.4 代码优化的数据结构、函数说明和主要算法

要求：（1）5.1 ~ 5.4 四个阶段，每个阶段要给出所有的数据结构和所有函数说明；（2）每个阶段的算法只需要给出重要且复杂的函数的算法。

6 实现与测试

6.1 词法分析

6.2 语法分析

6.3 语义分析

6.4 中间代码优化

要求：测试实例要求见第二章每个实验的要求说明。

7　实验总结

主要总结个人收获、体会等，包括通过实验学到的知识、培养的能力、实验过程中遇到的问题、解决的方法、待完善的地方、个人体会，等等。要求语句通顺，表达清楚，没有错别字，字数不少于500字。

8　参考文献

附录 B 自动生成工具实现编译器实验报告模板

1　实验目的

2　实验要求

3　实验内容

4　实验原理

　4.1　TPL 语言词法分析的识别规则

　4.2　TPL 语言语法分析的语法规则

5　项目结构与源码

首先给出项目结构，包括项目名、所包含的文件及文件功能说明，然后给出每个文件的内容，要求有注释。

6　编译测试

要求：测试实例要求见第 2 章每个实验的要求说明。

7　实验总结

主要总结个人收获、体会等，包括通过实验学到的知识、培养的能力、实验过程中遇到的问题、解决的方法、待完善的地方、个人体会，等等，要求语句通顺、表达清楚、没有错别字，字数不少于 500 字。

8　参考文献

附录 C
目标代码生成程序设计

以下给出目标代码生成程序的任务以及设计提示，供有能力的同学参考，以帮助同学们建立从源程序到目标代码的完整认知。

1. 目标代码生成任务

目标代码生成是编译器的最后阶段，其任务是把中间代码转换成等价的目标代码。目标代码可以是汇编语言代码或机器语言代码。

2. 设计思路

目标代码生成一般由几个相互独立又紧密联系的阶段组成：指令选择、寄存器分配与指令排序。

（1）指令选择。是指为中间代码语句寻找一个合适的目标机指令序列。指令选择的原则首先是要保证语义的一致性，其次要考虑所生成代码的效率（时空复杂度）。可以为每条中间代码设计指令序列的模板，这样就可以直接编写目标代码生成器实现指令选择。指令选择有多种实现算法。

（2）寄存器分配考虑的问题是把哪个值放在哪个寄存器。其原则是充分、高效地使用寄存器。因为指令在寄存器中访问操作数的开销要比在内存中访问小很多。但选择最优的寄存器分配方案是 NP 完全问题。因此，实际编译器中通常采用某种启发式算法，在尽可能短的时间内寻找一种较优的结果。

（3）指令排序考虑的问题是按什么顺序来安排指令的执行，以充分利用目标机器的计算资源和能力。一般情况下，指令排序也是一个 NP 完全问题。

因为本书面向的是初级读者，因此对指令选择、寄存器分配和指令调度不做深入讨论，能选择出合适的指令集并进行实现即可。实际工业级编译器需结合更复杂的算法（如动态规划指令选择、图着色寄存器分配）。

3. 一个简单的目标代码生成过程

如果不考虑目标程序的执行效率，那么从中间代码到目标代码的变化最简单方法就是对中间代码的每种类型指令用一组功能等价的目标机上的指令来取代。

例如，假设 x，y，z 都是静态分配，每一个形如 x=y+z 的四元式语句可以被翻译成如下汇编语言代码序列：

```
MOV y,R0    //将 y 装入寄存器 R0 中
```

```
ADD z,R0    //将z加到R0上
MOV R0,x   //将R0存入x中
```

但这种逐条语句的代码生成方式往往产生冗余的加载和存储运算代码。比如，下面的四元式语句序列：

```
a=b+c
d=a+e
```

会被翻译成：

```
MOV b,R0
ADD c,R0
MOV R0,a
MOV a,R0
ADD e,R0
MOV R0,d
```

这里的第四个语句是冗余的，因为它加载了一个刚刚保存到内存的值。并且如果 a 以后不再被使用，那么第三个语句也是冗余的。可见，像这样利用代码框架逐句翻译出的代码质量比较差。

目标代码的质量通常用所含指令的条数及其执行速度来衡量。在大多数机器上，对给定的操作可以用多种不同的代码序列来实现。不同的实现方法所花费的代价可能相差很大。因此，对中间代码的简单翻译虽能产生正确的目标代码，但效率可能无法接受。比如，若目标机上有“加 1”指令（INC），那么四元式语句 a=a+1 可以用一个指令 INC a 实现，这个指令比下面的指令序列更高效。

```
MOV a,R0
ADD 1,R0
MOV R0,a
```

为了提高执行速度，需要设计合理的代码序列，为此，需要了解给定的四元式语句序列的上下文。

参 考 文 献

[1] 王生原 . 编译原理 [M]. 3 版 . 北京：清华大学出版社，2015.

[2] 莱文，马森，布朗 . Lex 与 yacc（第 2 版）. [M]. 杨作梅，张旭东，译 . 北京：机械工业出版社，2003.

[3] 蒋宗礼 . 编译原理 [M]. 2 版 . 北京：高等教育出版社，2017.

[4] 阿霍，拉姆，塞西，等 . 编译原理 [M]. 赵建华，译 . 北京：机械工业出版社，2011.

[5] 查托帕迪亚雅 . 编译器设计 [M]. 徐晓栋，王海涛，译 . 北京：清华大学出版社，2009.

[6] 黄贤英，王柯柯，曹琼，等 . 编译原理及实践教程 [M]. 3 版 . 北京：清华大学出版社，2019.

[7] 王雷，刘志成，周晶 . 编译原理课程设计 [M]. 北京：机械工业出版社，2005.

[8] 张昱，陈意云 . 编译原理实验教程 [M]. 北京：高等教育出版社，2009.

[9] 刘刚，赵鹏翀 . 编译原理实验教程 [M]. 北京：清华大学出版社，2017.